DAXUE JISUANJI JICHU YU YINGYONG SHIYAN ZHIDAO

大学计算机基础与应用实验指导

主　编　孙宝刚　刘　艳
副主编　邱红艳　田　鸿　谢　翌　秦晓江

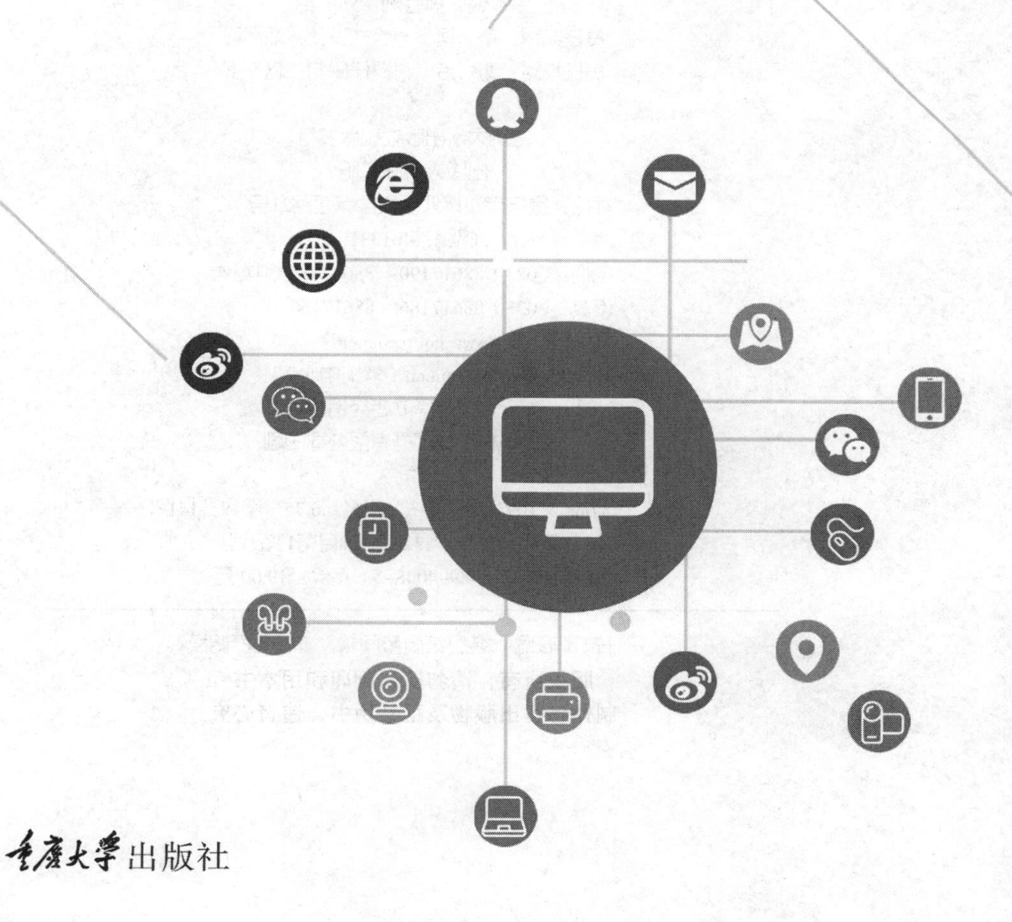

重庆大学出版社

图书在版编目（CIP）数据

大学计算机基础与应用实验指导 / 孙宝刚，刘艳主编. -- 重庆 ： 重庆大学出版社，2023.8
ISBN 978-7-5689-4008-5

Ⅰ.①大… Ⅱ.①孙… ②刘… Ⅲ.①电子计算机—高等学校—教学参考资料 Ⅳ.① TP3

中国国家版本馆CIP数据核字（2023）第112247号

大学计算机基础与应用实验指导

主　编　孙宝刚　刘　艳
责任编辑：章　可　　版式设计：章　可
责任校对：谢　芳　　责任印制：赵　晟
*
重庆大学出版社出版发行
出版人：陈晓阳
社址：重庆市沙坪坝区大学城西路21号
邮编：401331
电话：（023）88617190　88617185（中小学）
传真：（023）88617186　88617166
网址：http：//www.cqup.com.cn
邮箱：fxk@cqup.com.cn（营销中心）
全国新华书店经销
重庆华林天美印务有限公司印刷
*
开本：787mm×1092mm　1/16　印张：6.75　字数：141 千
2023年8月第1版　2023年8月第1次印刷
ISBN 978-7-5689-4008-5　定价：19.00 元

前言

随着计算机技术的飞速发展和计算机应用的日益广泛，所有高等学校的非计算机专业都开设了计算机基础课程。要想熟练掌握计算机技术，不仅需要掌握必要的理论知识，还要通过不断地上机实践才能深入理解和牢固掌握所学知识。本书是与《大学计算机基础与应用》配套使用的实验教材，实验内容与教材内容相配合，用于训练学生的实际动手能力，提高其计算机操作技能。

本书在内容编排上突出实用性，强化技能操作，强调理性思维和技术训练相结合。实验内容取自学生生活或学习中的具体案例，并融入思政教育案例，利用当前知识解决实际问题。每一个实验都有明确的学习目标和要求，并结合初学者易出现的问题，配有详细的说明和操作步骤，为提高学生的动手能力、自学能力和创新能力打下基础。

本书共 7 章，着重介绍了计算机基础操作与办公软件的应用，主要包括计算机基础知识、Windows 10 操作系统、文档编辑软件 Word、表格处理软件 Excel、演示文稿制作软件 PowerPoint、计算机网络基础、综合模拟题及解析。

本书适合作为普通高等院校应用型本科各专业的计算机基础教材，也适合作为普通读者学习计算机操作的参考书。

本书由重庆人文科技学院多位教师共同编写，其中孙宝刚、刘艳担任主编，孙宝刚负责确定总体方案和定稿工作，刘艳负责制订编写大纲、统稿和审稿工作。本书具体编写分工如下：第 1 章由田鸿编写，第 2 章由谢翌编写，第 3 章由邱红艳编写，第 6 章由秦晓江编写，第 4 章、第 5 章和第 7 章由刘艳编写。本书属于刘艳、孙宝刚等申请的重庆人文科技学院项目（项目编号：21CRKXJJG12、22CRKXJJGZX17）的成果之一。

由于计算机技术发展迅速，软件系统不断改版、升级，书中难免存在不足之处，欢迎广大读者批评、指正。

编　者

2023 年 3 月

目录

第 1 章　计算机基础知识

实验一　指法练习

一、实验目的

1. 了解键盘布局和键盘各部分的组成。

2. 掌握正确的打字姿势和击键指法。

二、实验任务

【任务 1】熟悉键盘布局

【任务 2】熟悉计算机键盘指法分区

【任务 3】掌握键盘操作的基本指法

【任务 4】培养正确的打字姿势

三、操作步骤

【任务 1】熟悉键盘布局

键盘是计算机必备的输入设备，用来向计算机输入命令、程序和数据。常用的键盘有 101 键盘和 104 键盘等几种，不同种类键盘的键位分布基本一致，键盘可以分为 5 个区，分别是主键盘区、功能键区、编辑键区、指示灯区和小键盘区，如图 1-1 所示。

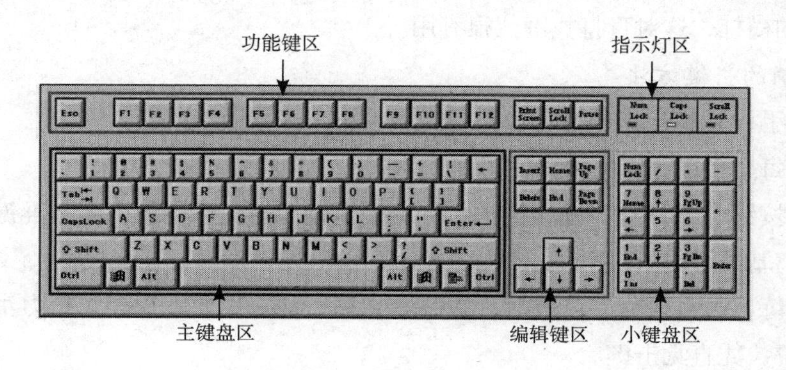

图 1-1　键盘布局

【任务2】熟悉计算机键盘指法分区

键盘指法是指如何运用10个手指击键，即规定每个手指分工负责击打哪些键位，以充分调动10个手指的作用，并实现不看键盘输入（盲打），从而提高击键的速度。键盘的指法分区如图1-2所示。

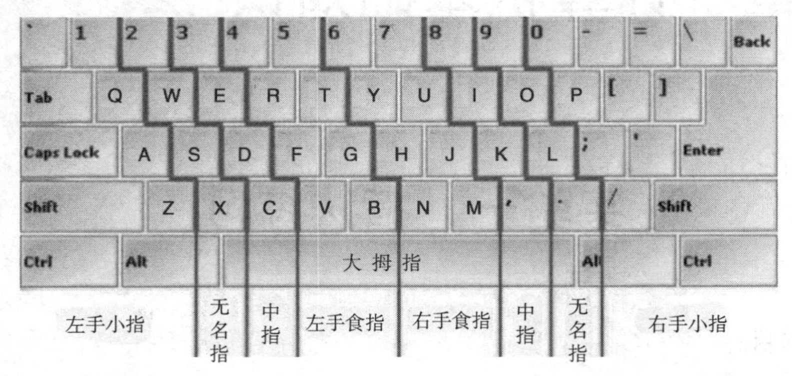

图1-2　键盘的指法分区

【任务3】掌握键盘操作的基本指法

1. 基准键

键盘的“A S D F”和“J K L ;”8个键位被定为基准键位。输入时，左右手的8个手指头（大拇指除外）从左至右自然平放在这8个键位上，如图1-3所示。

图1-3　基准键位示意图

大多数键盘的F、J键键面都不同于其余各键，触摸时，这两个键的键面均有一道明显微凸的横杠，这对盲打找键位很有用。

2. 正确的击键方法

（1）手指停放于基准键位之上。

（2）每个手指分管按键，各司其职。

（3）按键时，只有击键的手指才伸出去击键，击完后立即回到基准键位，其他手指不要偏离基准键位。

（4）练习盲打操作，击键时，两眼看文稿，绝对不要看键盘，精力集中，手指处于基准键位，凭直觉击键。

（5）按键时，垂直地轻击键盘，干脆利落，逐渐培养节奏感，如弹钢琴一般，享受击键的快乐。

（6）初学打字时，首先要讲求击键准确，其次再追求速度，开始时可每秒钟打一下。

3. 指法练习次序

（1）进行 10 个基准键的练习。

（2）加入 T、Y 键进行训练。

（3）加入 E、R、U、I 键进行训练。

（4）加入 Q、W、O、P 键进行训练。

（5）加入 Z、X、C、V、B、N、M 键进行训练。

【任务 4】培养正确的打字姿势

正确的键盘操作姿势有助于提高打字速度，缓解视觉疲劳，减少计算机对身体造成的不良影响和伤害。正确的键盘操作姿势如图 1-4 所示。

（1）身体应保持笔直，稍偏于键盘右方。

（2）应将全身重量置于椅子上，座椅要调整到便于手指操作的高度，两脚平放。

（3）两肘自然下垂，手指轻放于规定的键位上，手腕平直。人与键盘的距离，可用椅子或键盘的位置来调节，以调节到人能保持正确的击键姿势为止。

（4）监视器宜放在键盘的正后方，放输入原稿前，先将键盘右移 5 cm，再将原稿紧靠键盘左侧放置，以便阅读。

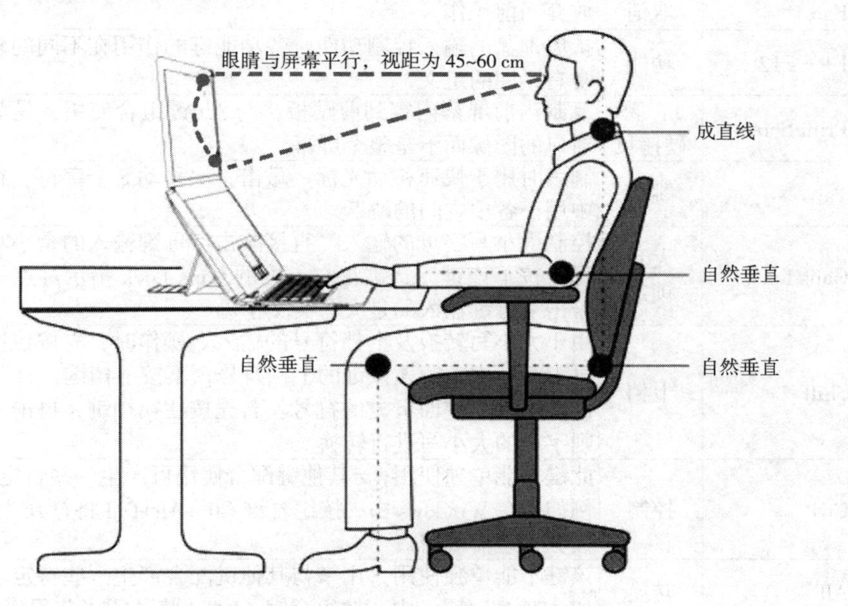

图 1-4　正确的键盘操作姿势示意图

实验二　打字速度训练

一、实验目的

1. 掌握键盘常用键及功能。

2. 熟练掌握中英文输入法的使用。

3. 了解全角字符和半角字符的区别，以及中英文输入法的切换。

二、实验任务

【任务 1】验证键盘常用键及功能，练习输入特殊符号

【任务 2】中文打字练习

三、操作步骤

【任务 1】验证键盘常用键及功能，练习输入特殊符号

（1）根据表 1-1 熟悉键盘常用键及功能。

表 1-1　常用键及功能

键区	按键名称	中文名	功　能
功能键区	Esc	取消	放弃当前操作
	F1—F12	功能	扩展键盘的输入控制功能。各功能键的作用在不同的软件中通常有不同的定义
	Print Screen	屏幕硬拷贝	复制当前屏幕内容到剪贴板，与 Alt 键组合使用，是截取当前窗口的图像而不是整个屏幕
主键盘区	Tab	跳格	制表时用于快速移动光标，敲击一次移动 8 个字符，在对话框中用于各项之间的跳跃
	Caps Lock	大写锁定	控制大小写字母的输入。直接敲击字母键输入的是小写英文字母。按下该键后，键盘右上方的 Caps Lock 指示灯点亮，此时敲击字母键输入的是大写英文字母
	Shift	上档	用于大小写转换及上档符号的输入。操作时，先按住换档键，再击其他键，输入该键的上档符号；不按上档键，直接击该键，则输入键面下方的符号。若先按住换档键，再击字母键，则字母的大小写进行转换
	Ctrl	控制	此键不能单独使用，与其他键配合使用可产生一些特定的功能。例如，在 Windows 中，按组合键 Ctrl+Alt+Del 将打开“Windows 任务管理器”窗口
	Alt	转换	该键不能单独使用，用来与其他键配合产生一些特定功能。例如，在 Windows 中，按组合键 Alt+F4 将关闭当前程序窗口
	Backspace	退格	删除光标左侧的一个字符
	Enter	回车	用于执行当前输入的命令，或在输入文本时用于开始新的段落
	Space	空格	输入一个空白字符，光标向右移动一格
		“Win”	和其他键组合达到一些快捷效果，如按组合键 Win+D 可以快速显示桌面

续表

键区	按键名称	中文名	功　能
编辑控制区	Insert	插入	用于插入 / 改写状态的切换，系统默认为插入状态
	Delete	删除	删除当前光标所在位置的字符
	Home	返回	快速移动光标至当前编辑行的行首
	End	结束	快速移动光标至当前编辑行的行尾
	Page Up	上翻页	光标快速上移一页，所在列不变
	Page Down	下翻页	光标快速下移一页，所在列不变
	← → ↑ →	方向控制	移动光标
小键盘区	Num Lock	数字锁定	用来控制小键盘区的数字键 / 光标控制键的状态。默认状态输入数字，此时按一次该键，指示灯灭，数字键作为光标移动键使用

（2）按如下步骤打开记事本，“开始”菜单→“Windows 附件”→“记事本”，在记事本中输入以下字符，并以文件名“学号 + 姓名 .txt”保存。

，。：￥……、（）“”？《》

, . : $ ^ @ * _() " " ' ' <>

【任务 2】中文打字练习

守护地球家园

地球是我们的共同家园。要秉持人类命运共同体理念，携手应对气候环境领域挑战，守护好这颗蓝色星球。几百万年以来，人类的祖先在这个蓝色的星球与环境和谐共处，地球用她丰富的资源养育着一代又一代的人们。可是短短百十年间，人类为了经济发展严重破坏了自然环境。水、空气、土地被污染，森林被大片砍伐，动物的栖息地遭受破坏，陪伴了人类几百万年的物种一个个灭绝。

改变日益恶化的环境，我们责无旁贷。在过去的一年里，全球变暖引发的极端气候事件依然频繁，海洋生态环境堪忧，土壤退化使全球粮食危机迫在眉睫。人类的可持续发展面临严峻挑战。环境保护是一场持久战，需要人人参与其中。不乱丢垃圾、做好垃圾分类、减少使用一次性用品、绿色出行、低碳生活、提倡光盘行动、节约用电……守护地球、生态保护的宏大主题，只有融入日常生活的点滴小事，才能成就绿意蓬勃、生机盎然的家园。

每一处风景，都源于自然的给予；每一个生命，都值得被珍惜、被守护。用实际行动保护地球，就是呵护我们自己和后代的未来。我们爱护地球的行动践行在每一天。

实验三　计算机基础知识

一、实验目的

1. 了解计算机的硬件设备。

2. 了解计算机的工作原理。

二、实验任务

【任务 1】查看计算机的设备管理器

【任务 2】查看计算机的任务管理器

三、操作步骤

【任务 1】查看计算机的设备管理器

（1）鼠标指向桌面上的“此电脑”图标，单击右键，在弹出的菜单中选择“管理”命令。

（2）在打开的“计算机管理”窗口中，选择窗口右侧“设备管理器”选项，如图 1-5 所示。

（3）查看设备管理器中的硬件信息。

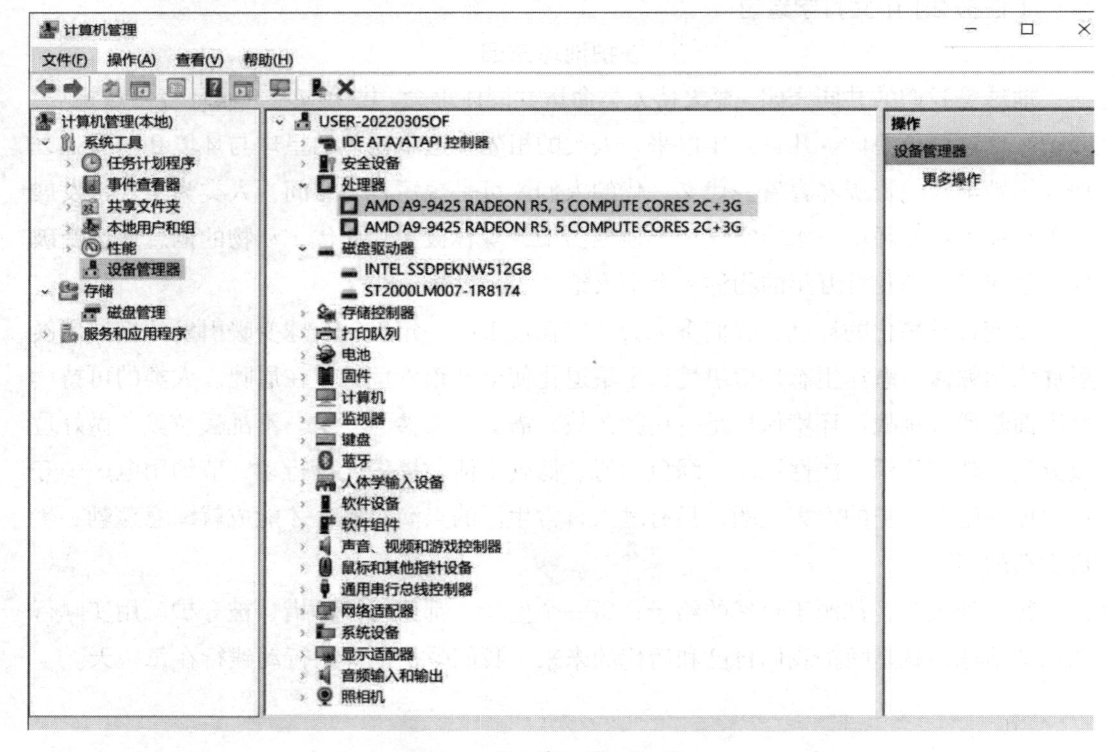

图 1-5 “计算机管理”窗口

【任务 2】查看计算机的任务管理器

（1）鼠标指向桌面最下方的任务栏，在任务栏空白处单击右键，在弹出的菜单中选择“任务管理器”命令。

（2）在打开的“任务管理器”窗口中，切换到“进程”选项卡，如图 1-6 所示。

（3）查看运行程序的 CPU、内存、磁盘、网络的使用占比，思考为什么会是这样的。

当前运行的程序和后台运行数据都存放在内存储器中，控制器根据存放在存储器中的指令工作。

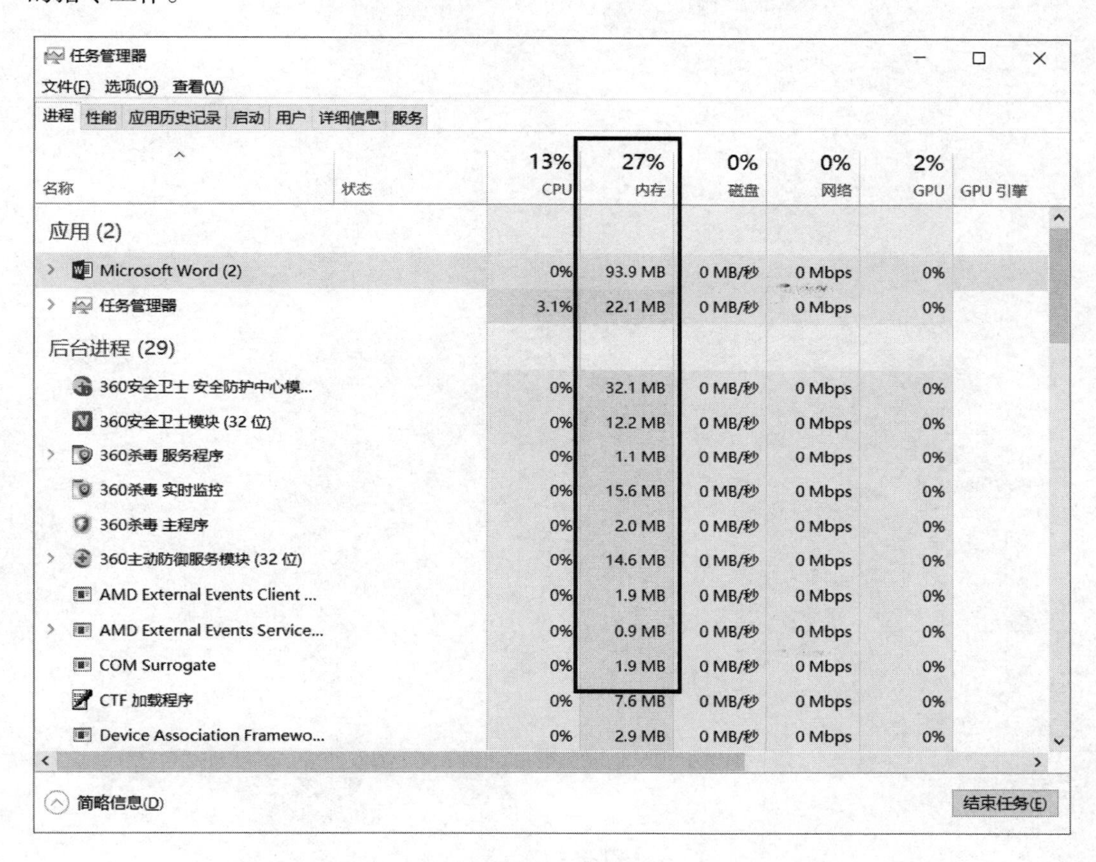

图 1-6　“任务管理器”窗口

第 2 章　Windows 10 操作系统

实验一　Windows 10 基本操作

一、实验目的

1. 熟练掌握 Windows 10 操作系统的基本操作。

2. 学会使用各种快捷操作快速解决问题。

二、实验任务

【任务 1】桌面图标管理

【任务 2】桌面个性化设置

【任务 3】截图工具的使用

三、操作步骤

【任务 1】桌面图标管理

1. 删除桌面上的“此电脑”图标，再将其添加回来

（1）在“此电脑”图标上右击，选择“删除”选项，如图 2-1 所示，此时桌面便没有“此电脑”图标了。

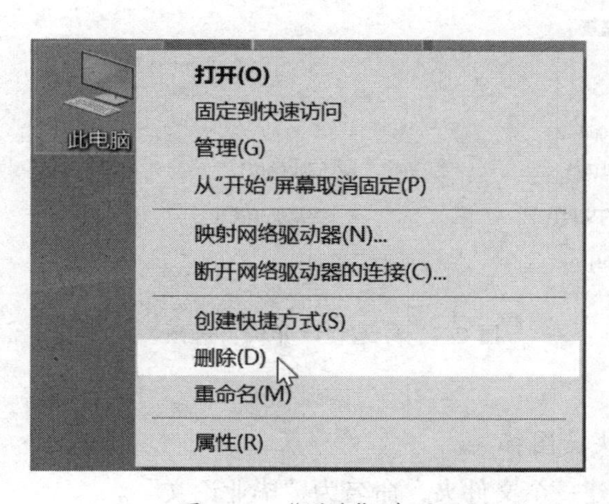

图 2-1　“删除”选项

（2）接下来我们再把它添加回来，在桌面上空白处右击选择“个性化”选项，如图2-2所示。

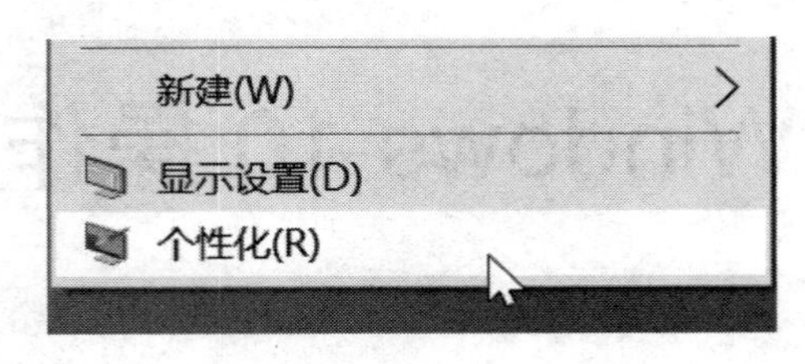

图 2-2 “个性化”选项

（3）在弹出的窗口左侧选择“主题”选项，如图2-3所示，然后在右侧将滚动条拖到最下方。

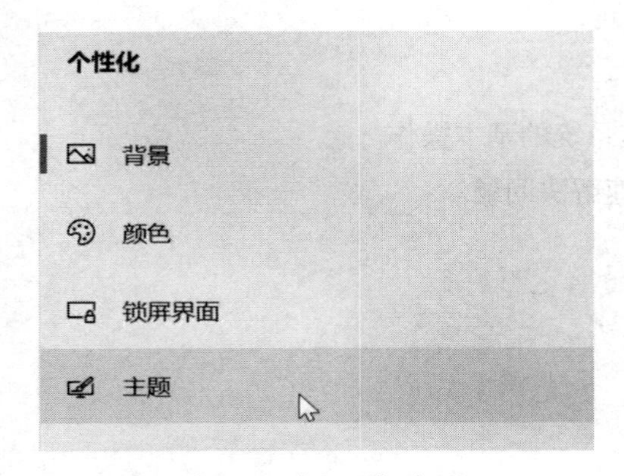

图 2-3 “主题”选项

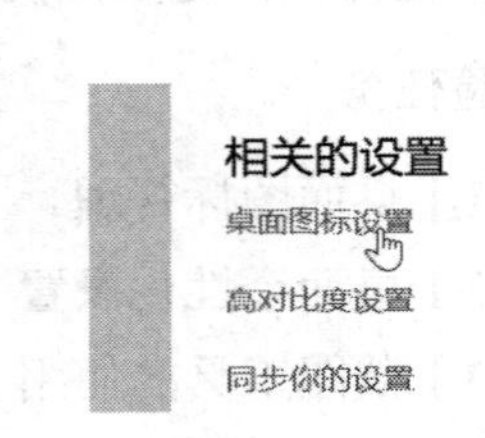

图 2-4 “桌面图标设置”选项

（4）在“相关的设置”下选择“桌面图标设置”选项，如图2-4所示。在打开的对话框上方勾选“计算机”选项，如图2-5所示。回到桌面，此时，“此电脑”图标出现在桌面上。

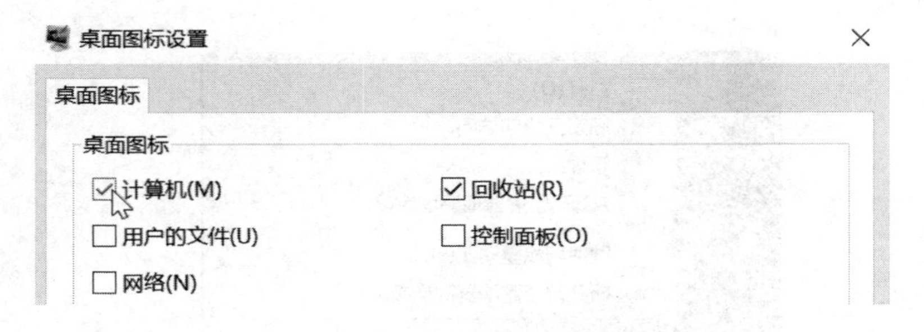

图 2-5 勾选“计算机”选项

2. 在桌面上创建快捷图标

（1）在D盘上新建一个文件夹，命名为“毕业论文”。

（2）在“毕业论文”文件夹上右击，鼠标指向“发送到”，在弹出的快捷菜单中选择“桌面快捷方式”选项，如图 2-6 所示。

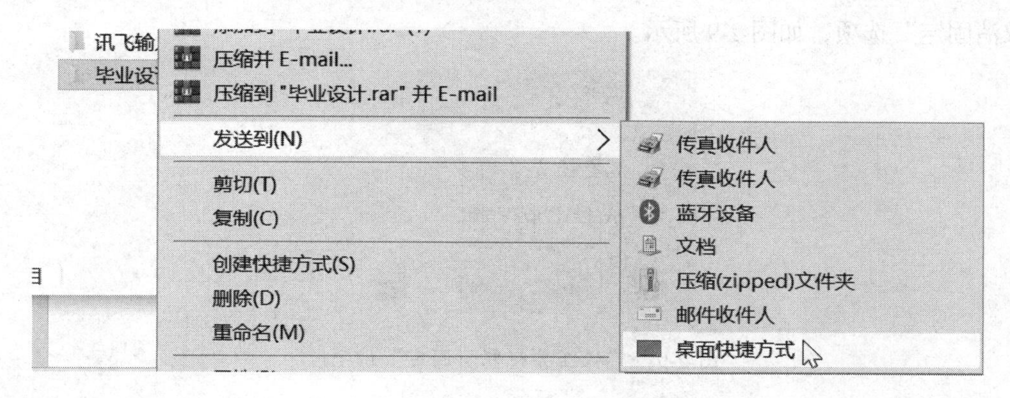

图 2-6　“桌面快捷方式”选项

（3）回到桌面，查看桌面上是否有“毕业论文”文件夹的快捷方式，看看该图标和 D 盘上该文件夹的图标的区别。

【任务 2】桌面个性化设置

1. 将图片“桌面壁纸”设置为电脑的桌面，并定制系统主题为“浅色”

（1）在图片“桌面壁纸”上右击，选择“设置为桌面背景”选项，如图 2-7 所示。此时桌面背景变成“桌面壁纸”图片。

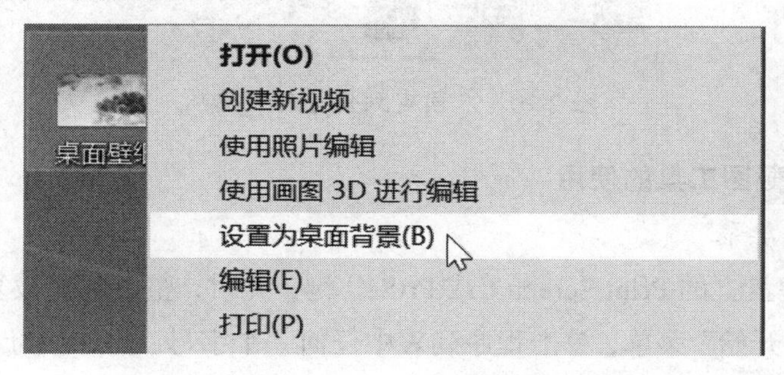

图 2-7　“设置为桌面背景”选项

（2）在桌面空白处右击，在弹出的快捷菜单中选择“个性化”。

（3）在打开的窗口中选择左侧列表中的“主题”。

（4）在右侧单击选择“颜色”，在“选择颜色”下拉列表中选择“浅色”选项，如图 2-8 所示。

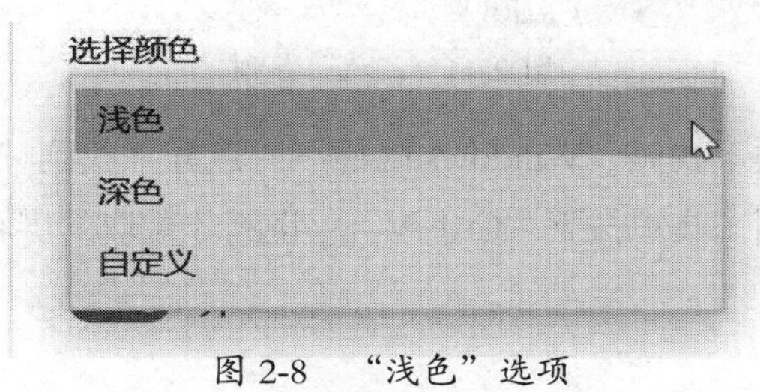

图 2-8　“浅色”选项

2. 定制任务栏

（1）找到任务栏左侧的程序按钮区，在不需要的程序按钮上右击，选择“从任务栏取消固定”选项，如图 2-9 所示。

图 2-9　“从任务栏取消固定”选项

（2）打开 Word 软件（通过任何一种方式打开都可以），在任务栏中 Word 文档的窗口按钮上右击，选择“固定到任务栏”选项，如图 2-10 所示。

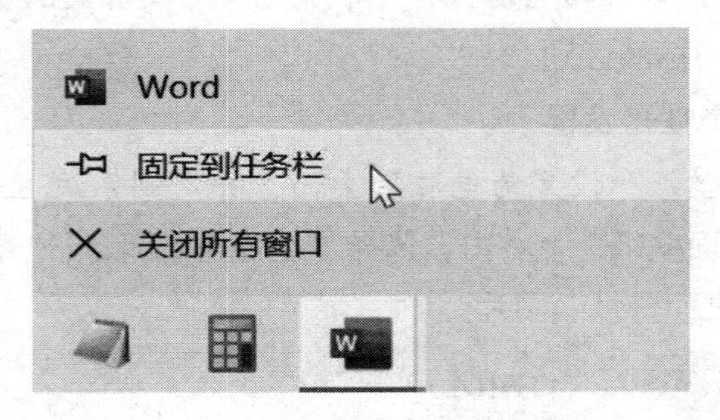

图 2-10　“固定到任务栏”选项

【任务 3】截图工具的使用

1. 截取整个屏幕

（1）按下键盘上的 Print Screen（或 PrtSc）键，此时，整个屏幕被复制到了剪贴板。

（2）打开“开始”菜单，单击程序列表中任何一个字母，比如字母“A”，如图 2-11 所示，进入字母导航状态，选择字母“W”。

图 2-11　“A”导航

（3）在“W”分类下找到“Windows 附件”，点开并找到“画图”工具。

（4）在打开的画图工具里按下“Ctrl+V”，将刚才截取的屏幕粘贴到画图工具中，如图 2-12 所示。

图 2-12　粘贴截屏

（5）选择“文件”→“保存”（或按“Ctrl+S”），在弹出的对话框中选择保存位置，文件命名为“屏幕截屏”。

2. 截取窗口图片

（1）在桌面空白处右击，选择“个性化”选项。

（2）确认“个性化”窗口在最前方，按快捷键“Alt+Print Screen”，此时窗口图片被复制到剪贴板中。

（3）打开“画图”工具，按“Ctrl+V”将图片粘贴进去。

（4）选择“文件”→“保存”，将图片文件保存为“窗口截图”。

实验二　Windows 10 文件和文件夹管理

一、实验目的

1. 掌握文件、文件夹的管理技巧。

2. 学会使用管理技巧管理好电脑，让使用更流畅。

二、实验任务

【任务 1】隐藏和显示文件的扩展名

【任务 2】隐藏和显示重要文件或文件夹

【任务 3】搜索文件、文件夹

【任务 4】卸载程序

三、操作步骤

【任务 1】隐藏和显示文件的扩展名

1. 查看当前的文件扩展名是否显示

在桌面寻找任意一个文件，或打开任何一个有文件的文件夹，如图 2-13 所示的文件是没有显示扩展名的文件，如图 2-14 所示的文件是显示了扩展名的文件。

2. 显示 / 隐藏文件扩展名

（1）双击打开“此电脑”（或任意一个文件夹窗口），选择“查看”选项卡。

（2）在“显示 / 隐藏”组里找到“文件扩展名”复选项，如图 2-15 所示。若之前查看时是未显示扩展名，则此处无钩，单击即可显示扩展名；若之前查看时是显示扩展名，则此处有钩，单击去掉钩可隐藏文件扩展名。

图 2-13　扩展名隐藏

图 2-14　扩展名显示

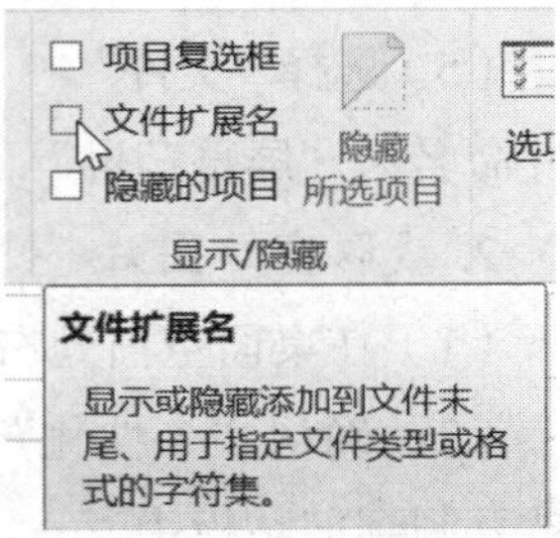

图 2-15　“文件扩展名”复选项

【任务 2】隐藏和显示重要文件或文件夹

1. 设置文件或文件夹的隐藏属性

（1）找到“实验一”中创建的“毕业论文”文件夹，在文件夹上右击，选择“属性”，如图 2-16 所示。

（2）单击“隐藏”前面的复选框，勾复选项选“隐藏”属性，单击“确定”。

（3）回到 D 盘，此时“毕业论文”文件夹就消失不见了。

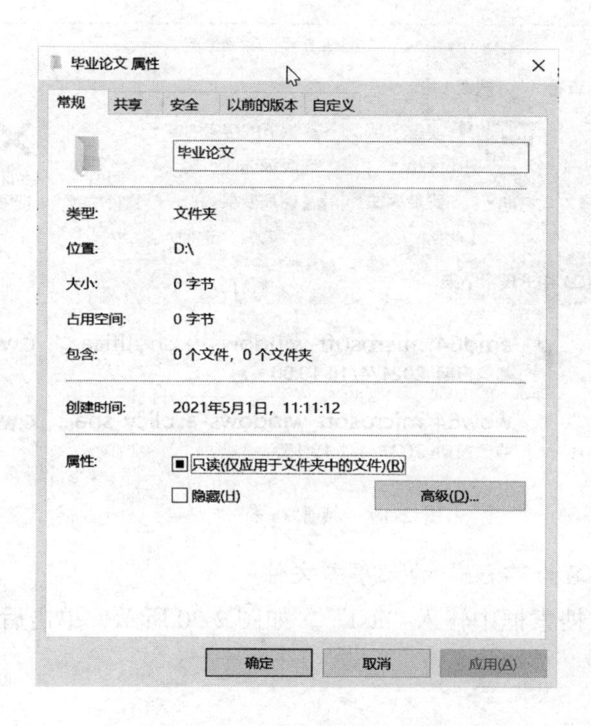

图 2-16　“毕业论文 属性”对话框

2. 显示隐藏文件或文件夹

（1）打开任意的文件夹窗口，选择“查看”选项卡。

（2）在“显示 / 隐藏”组里找到“隐藏的项目”复选项，如图 2-17 所示。勾选后，隐藏文件夹“毕业论文”以半透明的状态显示在 D 盘中。

【任务 3】搜索文件、文件夹

1. 在 C 盘搜索名字中包含了“sn”的文件或文件夹

（1）打开 C 盘，在右侧的搜索框里输入“sn”，如图 2-18 所示，单击后面向右的箭头开始搜索。

（2）搜索框中的绿色进度长条指示了搜索的进度，如图 2-19 所示。若绿色长条消失，则表示搜索完毕，也可以随时单击上方的“关闭搜索”，停止搜索。

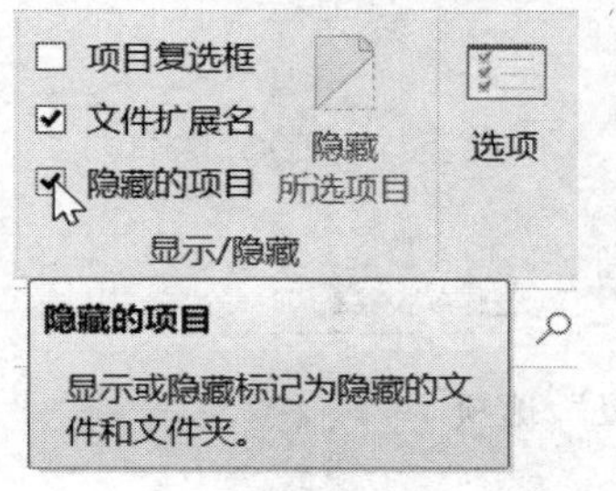

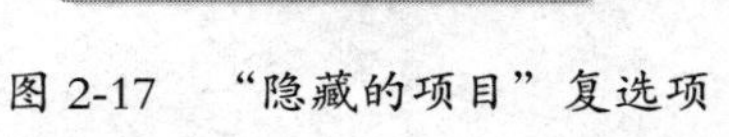
图 2-17　“隐藏的项目”复选项

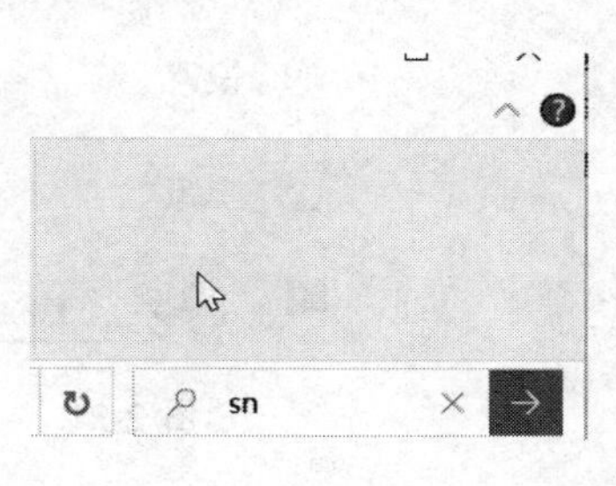

图 2-18　搜索框里输入“sn”

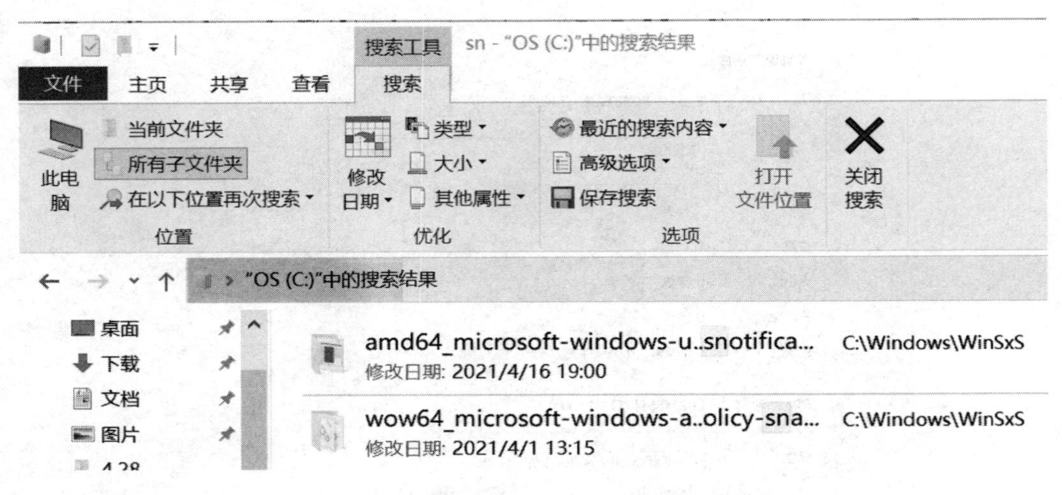

图 2-19　搜索结果

2. 在 C 盘搜索扩展名为“.txt”的记事本文件

（1）打开 C 盘，在搜索框中输入“.txt”，如图 2-20 所示，单击后方的搜索按钮开始搜索。

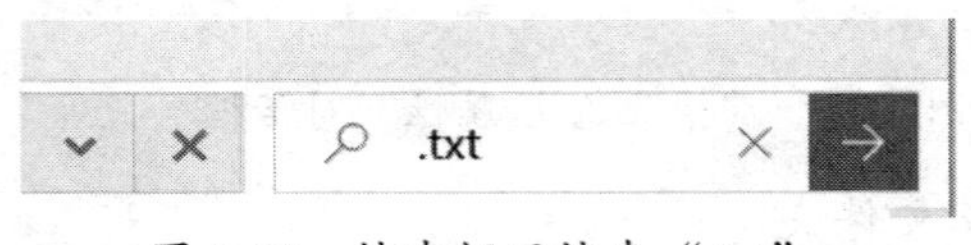

图 2-20　搜索框里搜索“.txt”

（2）在窗口中搜索出来的记事本文件中找到自己需要的。

【任务 4】卸载程序

以卸载“Adobe Photoshop”程序为例，了解程序卸载的流程。

（1）在“开始”菜单中找到“设置”选项，如图 2-21 所示，单击并打开。

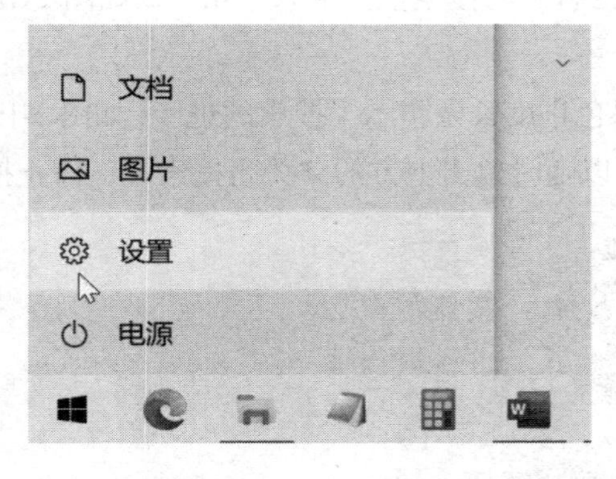

图 2-21　“设置”选项

（2）找到“应用”分类，如图 2-22 所示，单击并打开。

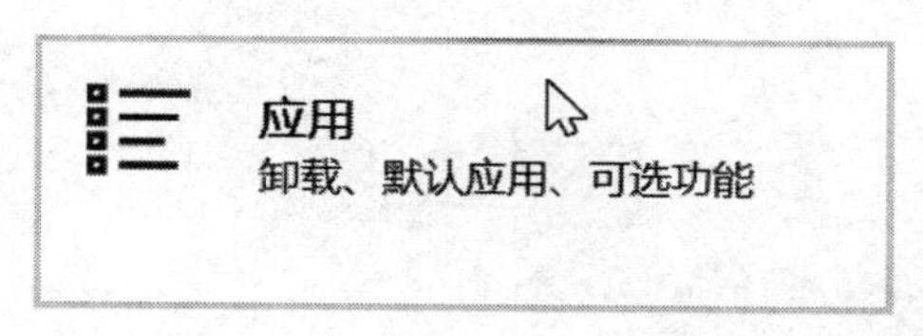

图 2-22　“应用”分类

（3）在右侧列表中往下拖动滚动条，找到程序“Adobe Photoshop CS6 13.0.0.0”，如图 2-23 所示，单击展开。

图 2-23　“Adobe Photoshop CS6 13.0.0.0”程序

（4）单击“卸载”，在弹出的对话框中继续单击“卸载”，根据卸载程序的向导一步一步卸载程序。

实验三　Windows 10 用户账户管理

一、实验目的

1. 学会修改账户信息。
2. 熟练掌握账户管理的方法。
3. 学会添加新账户。

二、实验任务

【任务 1】修改账户信息

【任务 2】增加账户

三、操作步骤

【任务 1】修改账户信息

（1）单击“开始”菜单，选择“账户”图标，在弹出的快捷菜单中选择“更改账户设置”，如图 2-24 所示。

（2）单击右侧“从现有图片中选择”，如图 2-25 所示，在打开的对话框中选择准备好的图片“头像”。

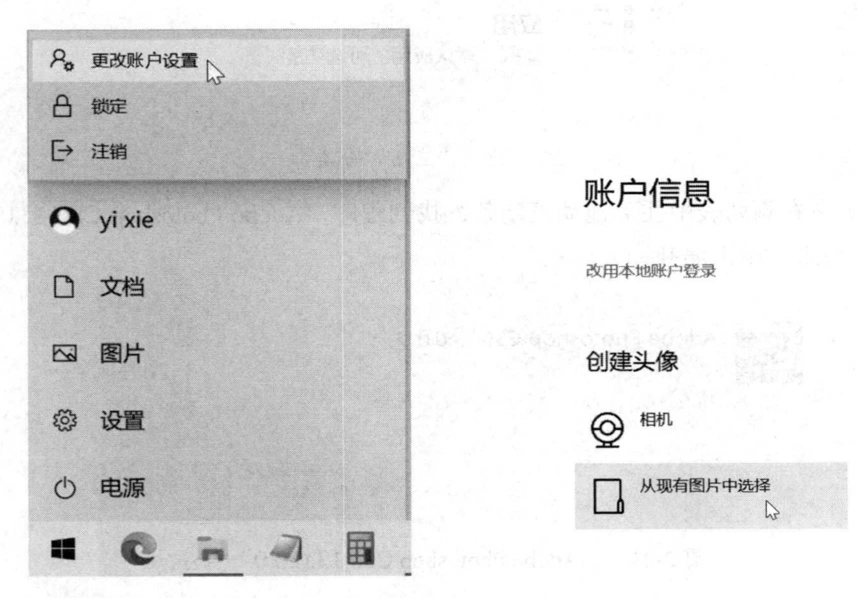

图 2-24 “更改账户设置”　　　　图 2-25 “账户信息”

（3）滚动条往上，就能看见设置好的头像了，该头像也能在“开始”菜单中以及登录时看到。

【任务 2】增加账户

（1）打开账户设置窗口，在左侧列表中选择“家庭和其他用户”，如图 2-26 所示。

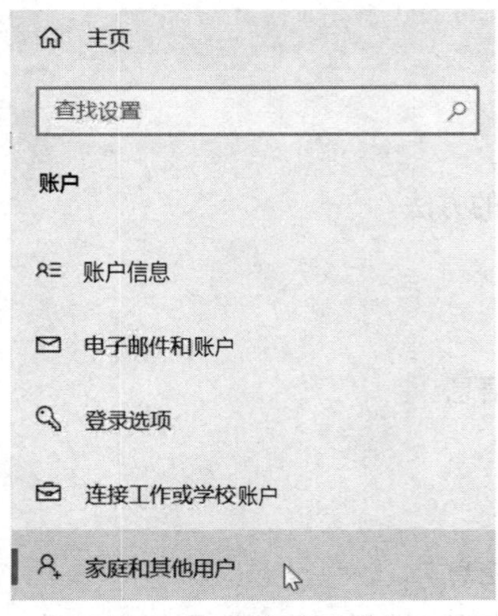

图 2-26 账户选项列表

（2）在右侧单击“添加家庭成员”，如图 2-27 所示。

家庭和其他用户

你的家庭

添加家庭成员，让每个人都能有自己的登录信息和桌面。你可以让孩子们只访问合适的网站，只能使用合适的应用，只能玩合适的游戏，并且设置时间限制，从而确保孩子们的安全。

了解详细信息

图 2-27　单击“添加家庭成员”

（3）单击“为子级创建一个”（若有邮箱，可以直接输入），如图 2-28 所示。

添加成员

输入他们的电子邮件地址

没有 Microsoft 账户? 为子级创建一个

图 2-28　单击“为子级创建一个”

（4）在账户名称处为该账户的邮箱取名，如“mama110924”，注意名字不能与其他人重名，如图 2-29 所示，然后单击 “下一步”。

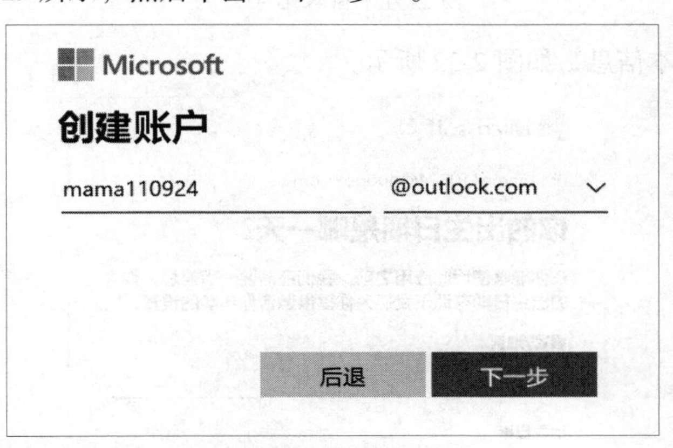

图 2-29　创建账户

（5）输入登录账户的密码，如图 2-30 所示。

图 2-30　创建密码

（6）输入名字，如图 2-31 所示。

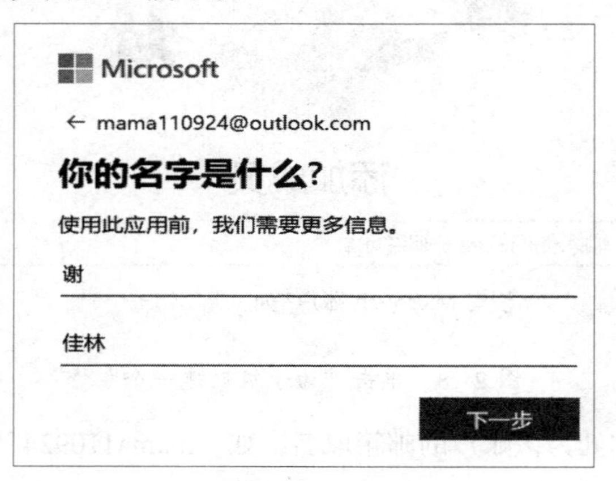

图 2-31　输入名字

（7）填写基本信息，如图 2-32 所示。

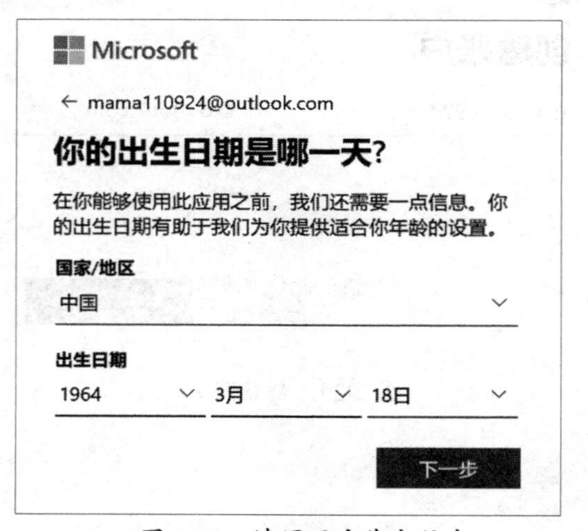

图 2-32　填写用户基本信息

（8）单击“下一步”后，系统会弹出提示创建成功，如图 2-33 所示。

图 2-33　创建账户成功

（9）在登录新的账户时，还需要进行一些基本的系统设置，可依据提示逐步操作，这里不再赘述。

第 3 章　文档编辑软件 Word

实验一　短文档的制作与编辑

一、实验目的

1. 掌握 Word 文档的新建、保存等基本操作。

2. 掌握 Word 文档录入文字的方法与技巧。

3. 掌握 Word 文档基本格式的设置方法与技巧。

二、实验任务

【任务 1】文档的新建和文字录入

【任务 2】设置字符和段落格式

【任务 3】设置分栏、首字下沉效果

【任务 4】设置项目符号

【任务 5】设置页眉页脚

三、操作步骤

【任务 1】文档的新建和文字录入

（1）新建 Word 文档，保存为“打印机介绍 .docx ”。

（2）输入下面的文字内容。注意：只输入文字内容，四周框线不用添加。

> **打印机介绍**
>
> 打印机的作用是将计算机的信息打印到纸张上供阅读和保存。其主要性能指标是打印分辨率与打印速度。打印分辨率一般用每英寸的打印点数（dpi）来表示，分辨率越高则打印的质量越好，但同时打印成本也越高。打印机类型很多，常见的有针式打印机、喷墨打印机和激光打印机。
>
> 针式打印机：由打印头、走纸装置和色带组成。

喷墨打印机：喷墨打印机用很细的墨水喷头代替针式打印机的打印针，将墨水喷在纸上面印出字符或图形。

激光打印机：它综合了复印机、计算机和激光技术，使用多面镜像和光学效应将字符和图像投影在光感灵敏的旋转磁鼓上。

【任务 2】设置字符和段落格式

（1）将文本标题“打印机介绍”设置为艺术字，颜色和样式自定，居中。

①选中标题文字“打印机介绍”，在“开始”选项卡中，设置段落对齐方式为“居中”，然后再选择“插入”选项卡中的“艺术字”，在下拉列表中自主选择一个艺术字样式，得到如图 3-1 所示的效果。

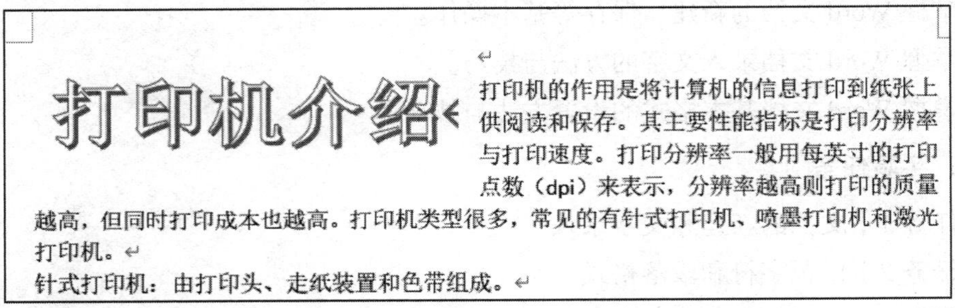

打印机介绍
打印机的作用是将计算机的信息打印到纸张上供阅读和保存。其主要性能指标是打印分辨率与打印速度。打印分辨率一般用每英寸的打印点数（dpi）来表示，分辨率越高则打印的质量越高，但同时打印成本也越高。打印机类型很多，常见的有针式打印机、喷墨打印机和激光打印机。
针式打印机：由打印头、走纸装置和色带组成。

图 3-1　标题设置为艺术字的效果

②选中标题艺术字“打印机介绍”，在“绘图工具—格式”选项卡中选择“环绕文字”，方式为“嵌入型”，得到如图 3-2 所示的效果。

绘图工具
打印机介绍（最终效果）.docx - Word
格式
操作说明搜索
形状填充
形状轮廓
形状效果
文本填充
文本轮廓
文本效果
艺术字样式
文字方向
对齐文本
创建链接
文本
替换文字
辅助功能
位置
下移一层
环绕文字
选择窗格
嵌入型(I)
四周型(S)
紧密型环绕(T)
穿越型环绕(H)
上下型环绕(O)
衬于文字下方(D)
浮于文字上方(N)
编辑环绕顶点(E)
随文字移动(M)
在页面上的位置固定(F)
其他布局选项(L)...
设置为默认布局(A)
打印机介绍
打印机的作用是将计算机的信息打印到纸张上供阅读和保存。其主要性能指标是打印分辨率与打印速度。打印分辨率一般用每英寸的打印点数（dpi）来表示，分辨率越高则打印的质量

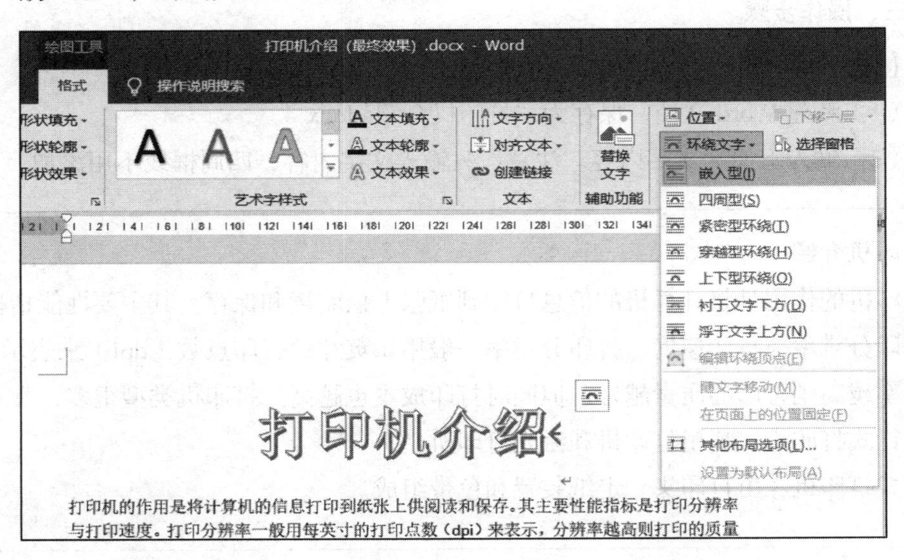

图 3-2　设置艺术字环绕方式

（2）选中正文全部文字，设置中文字体为微软雅黑，西文字体为 Arial Black，字号为五号，如图 3-3 所示。

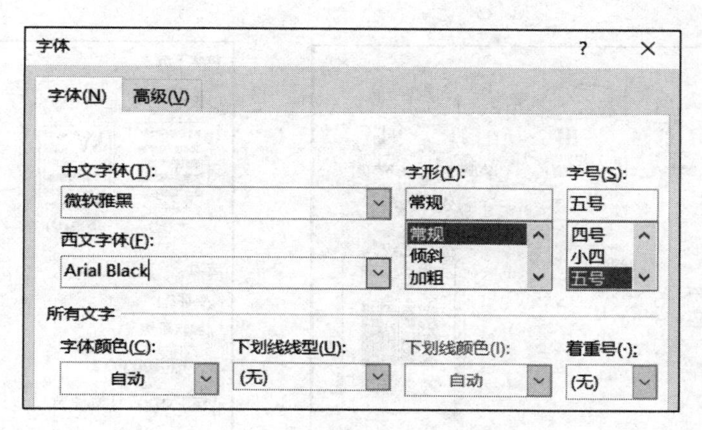

图 3-3　字体设置

（3）选中正文全部段落，设置首行缩进 2 字符，行距为 25 磅，如图 3-4 所示。

图 3-4　段落设置

【任务 3】设置分栏、首字下沉效果

（1）为第一段设置分栏效果：选中正文第一段，在“布局”选项卡中设置分栏，参数设置如图 3-5 所示。

（2）为第一段设置首字下沉效果：将光标定位在正文第一段前，在“插入”选项卡中选择“首字下沉”，参数设置如图 3-6 所示。

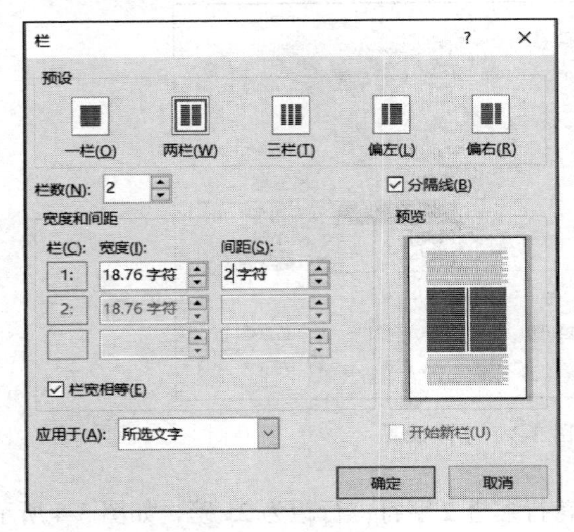

图 3-5 设置分栏

图 3-6 设置首字下沉

【任务 4】设置项目符号

选中第二段到第四段文字，在“开始”选项卡中设置项目符号（项目符号样式自选）。

【任务 5】设置页眉页脚

（1）选择“插入”选项卡中的页眉，设置页眉为“打印机介绍”。

（2）切换到页脚位置，在页眉和页脚选项区选择插入当前的日期，如图 3-7 所示。

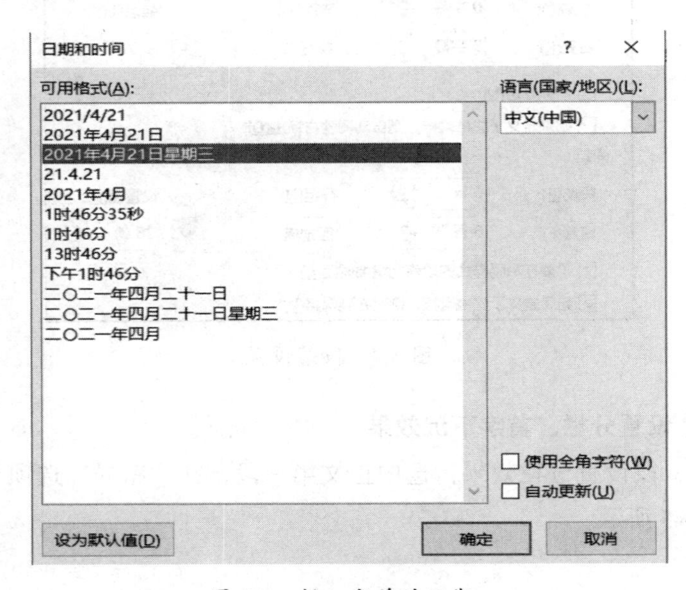

图 3-7 插入当前的日期

完成后的最终效果如图 3-8 所示。

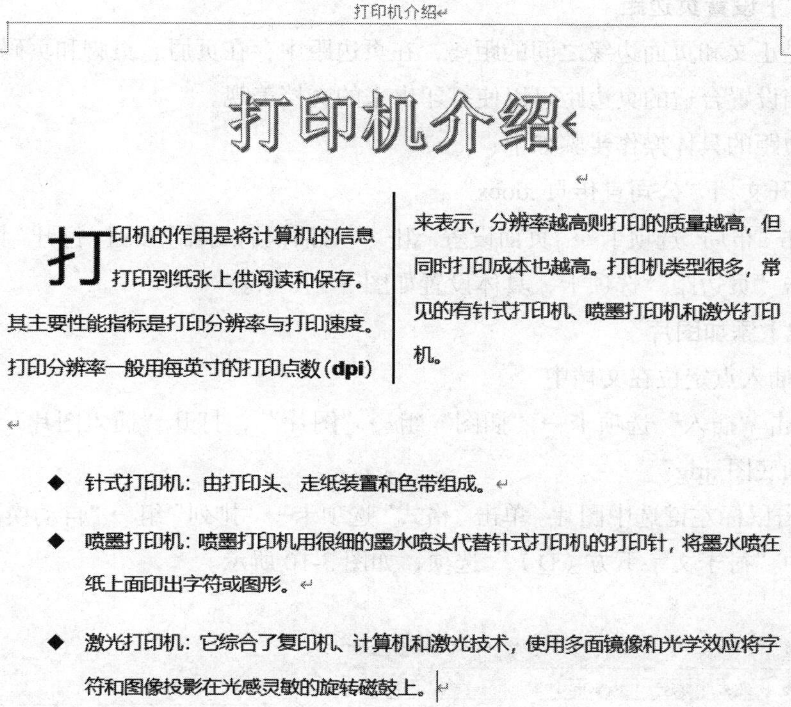

打印机介绍

打印机介绍

打印机的作用是将计算机的信息打印到纸张上供阅读和保存。其主要性能指标是打印分辨率与打印速度。打印分辨率一般用每英寸的打印点数（dpi）来表示，分辨率越高则打印的质量越高，但同时打印成本也越高。打印机类型很多，常见的有针式打印机、喷墨打印机和激光打印机。

- 针式打印机：由打印头、走纸装置和色带组成。
- 喷墨打印机：喷墨打印机用很细的墨水喷头代替针式打印机的打印针，将墨水喷在纸上面印出字符或图形。
- 激光打印机：它综合了复印机、计算机和激光技术，使用多面镜像和光学效应将字符和图像投影在光感灵敏的旋转磁鼓上。

图 3-8　最终效果图

实验二　制作旅社宣传页

一、实验目的

掌握 Word 中图文混排的相关操作方法。

二、实验任务

【任务 1】设置页边距

【任务 2】添加图片

【任务 3】添加艺术字

【任务 4】设置文本效果

【任务 5】设置图片版式

三、操作步骤

【任务1】设置页边距

页边距是正文和页面边缘之间的距离，在页边距中存在页眉、页脚和页码等图形或文字。为文档设置合适的页边距可以使打印出来的文档美观。

设置页边距的具体操作步骤如下：

（1）打开文档“公司宣传页.docx”。

（2）单击“布局”选项卡→“页面设置”组→“对话框启动器”按钮，打开“页面设置”对话框，单击“页边距”选项卡，具体设置如图3-9所示。

【任务2】添加图片

（1）将插入点定位在文档中。

（2）单击“插入”选项卡→“插图”组→“图片”，打开“插入图片”对话框，插入“宣传画底图.jpg”。

（3）单击鼠标左键选中图片。单击“格式”选项卡→“排列”组→“自动换行”按钮，在列表中选中“衬于文字下方（D）”选项，如图3-10所示。

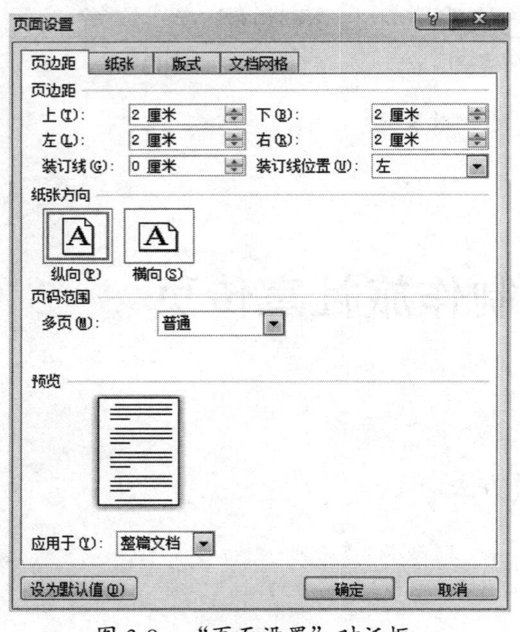

图3-9 “页面设置”对话框

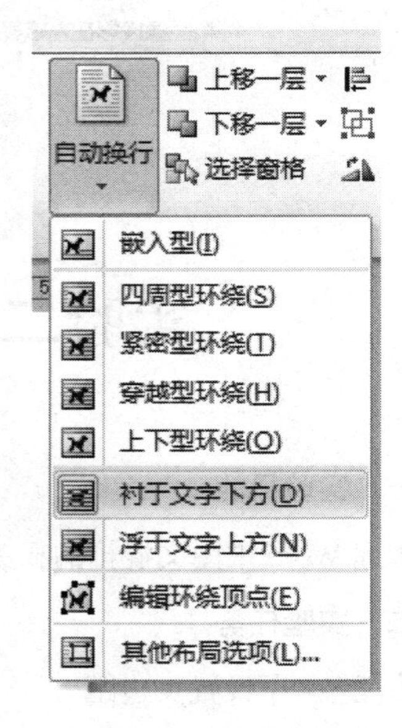

图3-10 设置图片版式

（4）调整图片的大小及位置。

【任务3】添加艺术字

（1）单击“插入”选项卡→“文本”组→“艺术字”按钮，在“艺术字样式”下拉列表中任选一种艺术字样式，在文档中会出现一个“请在此放置您的文字”编辑框，在编辑框中输入文字“青青旅社”，调整艺术字到合适位置。

（2）如图 3-11 所示，选中艺术字编辑框，单击“艺术字样式”组→“文本填充”→“渐变”→“其他渐变”选项，打开右侧的“设置形状格式”窗口。

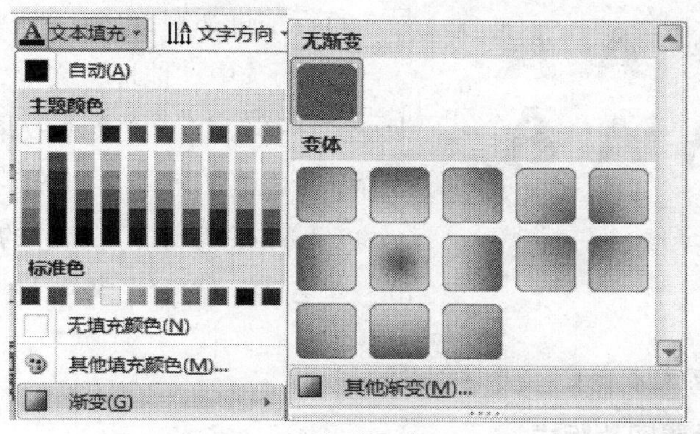

图 3-11　文本填充命令

（3）在“形状选项”中选中“渐变填充”选项，在“预设颜色”列表中选择红色渐变效果，在“类型”列表中选择“线性”，在“方向”列表中选择“线性向下”，根据需要调整“角度”“渐变光圈”区域中滑块的位置和颜色等参数，参数调整可参考图 3-12，也可自定义填充颜色及效果。

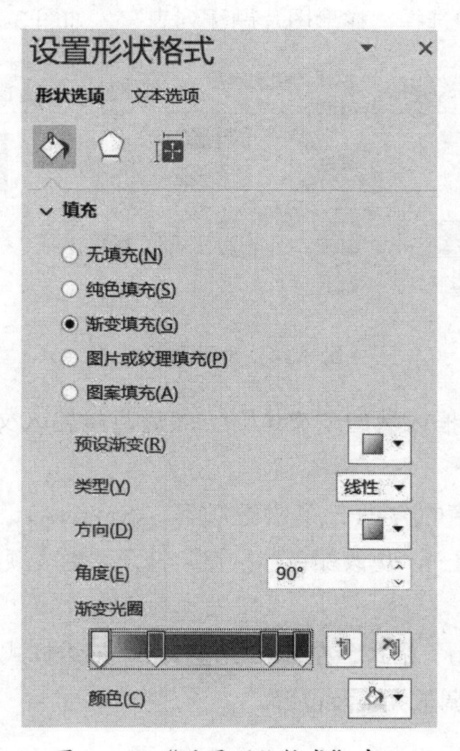

图 3-12　“设置形状格式”窗口

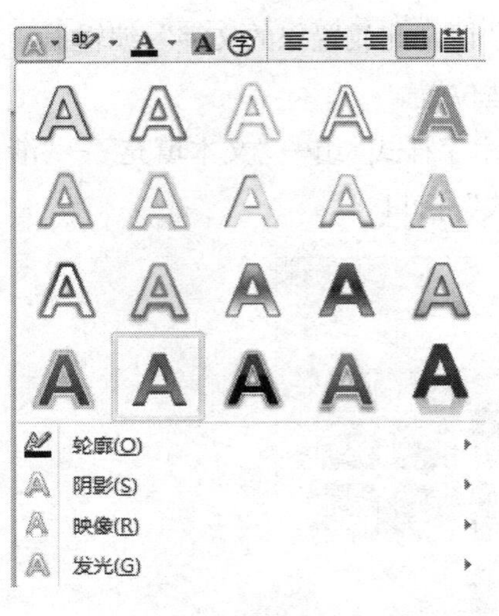

图 3-13　设置文本效果

（4）单击“文本选项”选项，然后选择“无线条”，单击“关闭”按钮。

【任务 4】设置文本效果

（1）将全文选中，设置全文格式为楷体、四号，首行缩进 2 字符。

（2）选中“地址”文本，单击“开始”选项卡→“字体”组→“文本效果”按钮，在列表中选择一个发光的效果，如图 3-13 所示。

（3）用格式刷将“发光”的文本效果复制到“城市”“电话”“简介”文本上。

【任务 5】设置图片版式

（1）将插入点定位在文档中。

（2）单击“插入”选项卡→“插图”组→“图片”按钮，打开“插入图片”对话框，将“餐厅.jpg”插入文档中，将图片版式设置为“紧密型环绕”。

（3）选中图片，单击“格式”选项卡→“图片样式”组→“图片版式”按钮，打开“图片版式”列表，在列表中选择“蛇形图片题注列表”，如图 3-14 所示。

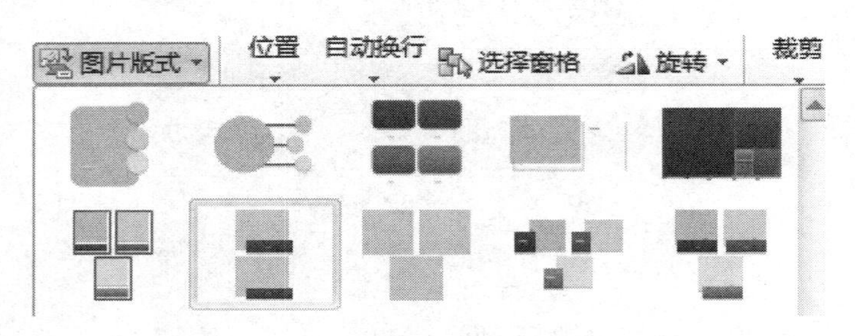

图 3-14　设置图片版式

（4）单击题注文本框区域的“文本”，然后直接输入文本“酒店餐厅”，如图 3-15 所示。

（5）选中输入文字的方框，单击选项区“SmartArt 工具”→“设计”选项卡→“SmartArt 样式”组→“更改颜色”按钮，打开“更改颜色”列表，在列表中选择颜色（颜色可自选）。

（6）打开“SmartArt”格式，在列表中选择一个三维样式。

（7）选中图形框，调整大小及位置。

（8）按照相同的方法再插入“酒店客房 .jpg”并设置图片的格式。

最终效果如图 3-15 所示。

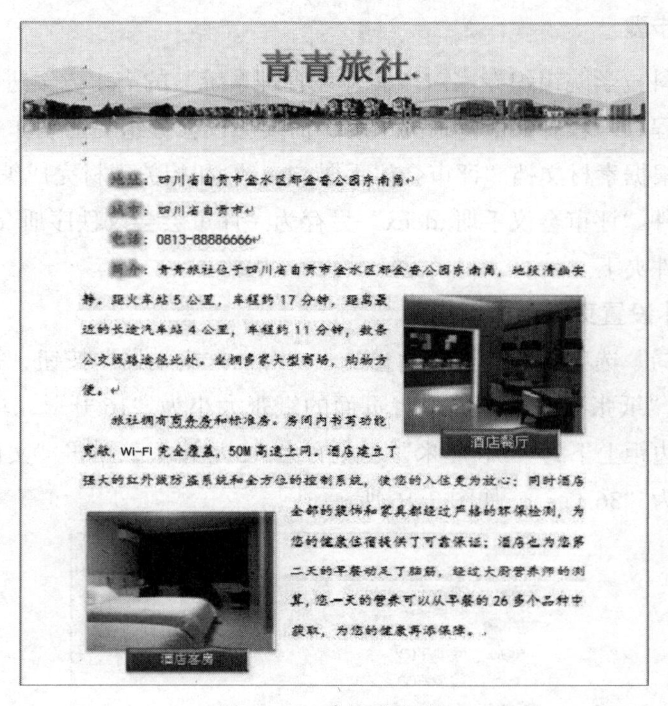

图 3-15　最终效果图

实验三　制作评审会议手册

一、实验目的

1. 掌握 Word 中表格的制作。
2. 掌握长文档编辑及高级应用的相关操作。

二、实验任务

【任务 1】设置页面相关参数

【任务 2】设置封面

【任务 3】设置页码

【任务 4】设置正文格式

【任务 5】创建表格

【任务 6】自动生成目录

三、操作步骤

重庆人文科技学院组织专家对“实验室管理系统”的需求方案进行评审，为使参会人员对会议流程和内容有一个清晰的了解，需要会议会务组提前制作一份有关评审会的秩序手册。请根据素材文档“评审会议手册 .docx”和相关素材完成编辑排版任务。

将素材文件“评审会议手册 .docx”另存为“评审会会议秩序册 .docx”，并保存于自己的学生文件夹下。

【任务 1】设置页面相关参数

单击“布局”选项卡→“页面设置”→“对话框启动器”按钮，打开“页面设置”对话框，单击“纸张”选项卡，设置页面的纸张大小为“16 开”，单击“页边距”选项卡，设置页边距上下为“2.8 厘米”、左右为“3 厘米”，单击“文档网络”选项卡，指定文档每页为“36 行”，如图 3-16 所示。

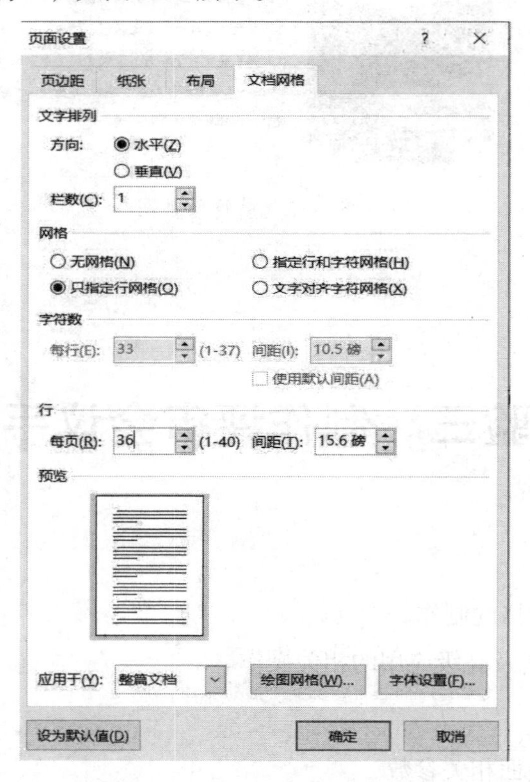

图 3-16 “页面设置”对话框

【任务 2】设置封面

会议秩序册由封面、目录、正文三块内容组成。其中，正文又分为四个部分，每部分的标题均已经用中文大写数字一、二、三、四进行编排。要求将封面、目录，以及正文中包含的四个部分分别独立设置为 Word 文档的一节。

（1）将光标定位在“目录”前面，单击“布局”选项卡→“页面设置”组→“分隔符”按钮→“分节符 - 下一页”，将目录独立到下一页的同时，将其独立设置为一节。

（2）依次将光标定位到正文一、二、三、四的前面，再依次单击“布局”选项卡→“页面设置”组→“分隔符”按钮→“‘分节符’下的‘下一页’”，将正文四个部分分别独立到下一页，并设置为独立的一节。

（3）设置的封面效果如图 3-17 所示，字体字号可自定义。

提示：可以使用文本框实现特殊文字位置的设置，如将文字“会议秩序册”放置在一个文本框中，设置为竖排文字，并调整到页面合适的位置。

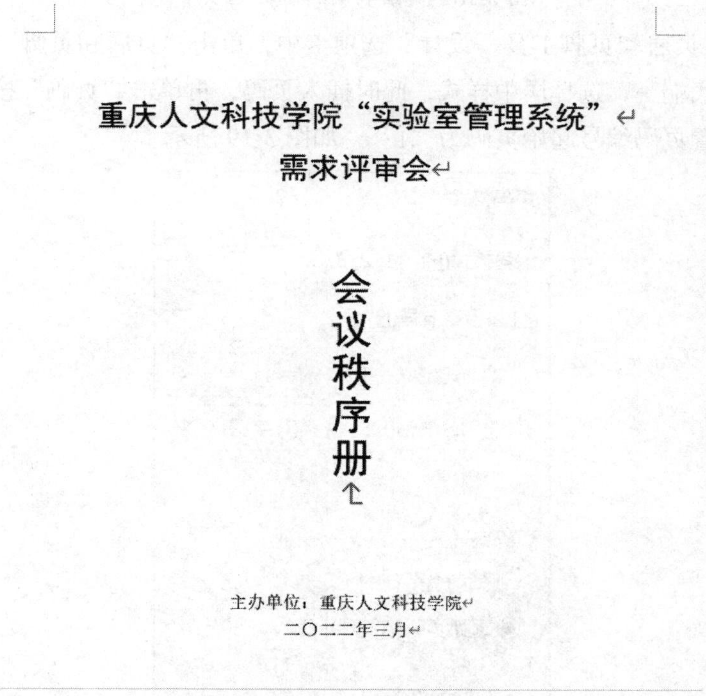

重庆人文科技学院“实验室管理系统”

需求评审会

会议秩序册

主办单位：重庆人文科技学院

二〇二二年三月

图 3-17　封面效果

【任务 3】设置页码

封面和目录页无页码，正文从第一部分内容开始连续编码，起始页码为“1”，页码设置在页脚居中位置。

（1）在正文第一页的页脚位置双击，进入页脚编辑状态，此时光标在页脚位置，单击“页眉和页脚工具—设计”选项卡→“导航”组→“链接到前一节”按钮，取消链接，如图 3-18 所示。

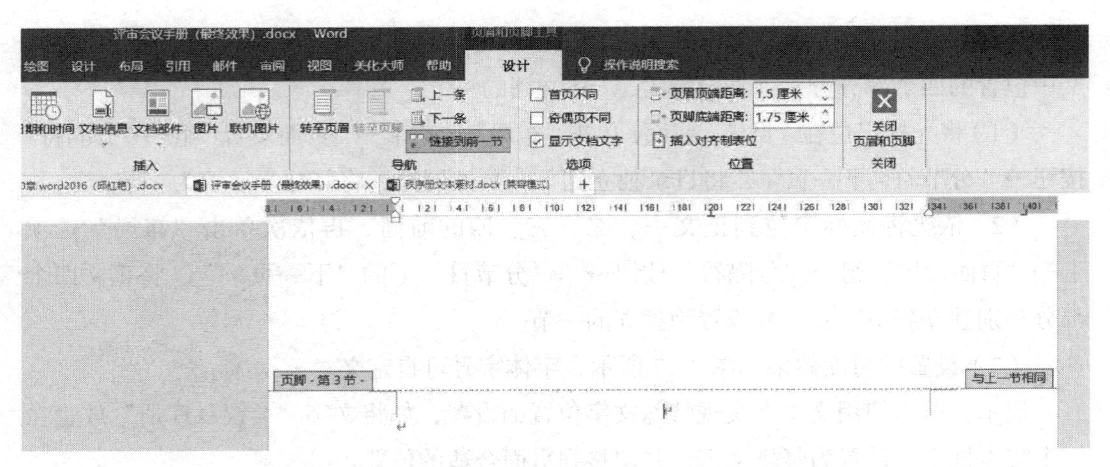

图 3-18　页眉和页脚工具选项卡

（2）在“页眉和页脚工具—设计”选项卡中，单击“页眉和页脚”组→“页码”按钮→“页面底端”，选择居中样式，此时插入页码，再单击“页码”按钮→“设置页码格式”，设置页码编号起始页码为“1”，如图 3-19 所示。

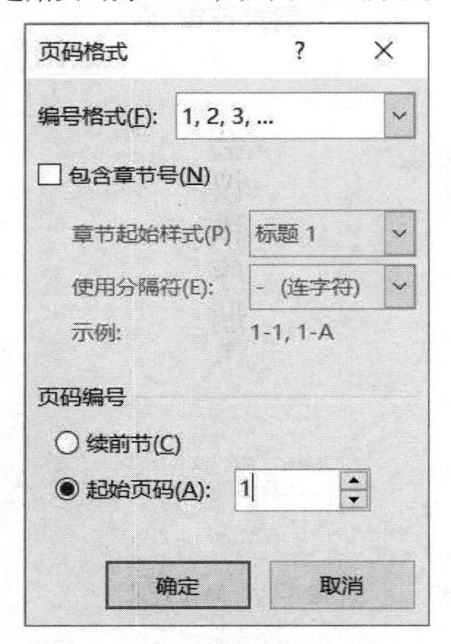

图 3-19　设置页码编号

【任务 4】设置正文格式

（1）选中正文中的标题“一、报到、会务组”，在样式列表中设置为“标题 1”样式，并修改标题 1 样式为 1.5 倍行距、段前段后为 5 磅，设置方法参见图 3-20。

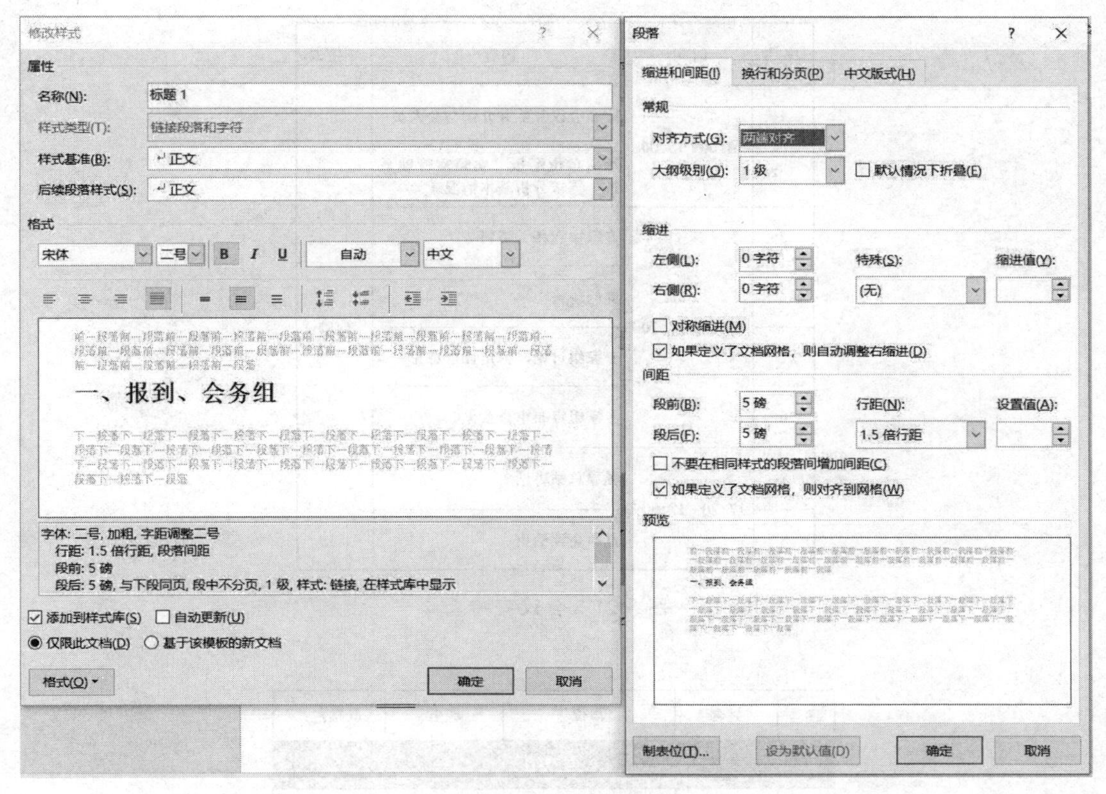

图 3-20　修改标题 1 样式

（2）其他三个标题“二、会议须知”“三、会议安排”“四、专家及会议代表名单”的格式，均参照第一个标题设置。

（3）将第一部分（“一、报到、会务组”）和第二部分（“二、会议须知”）中的正文内容设置为中文宋体，西文 Times New Roman 字体，小四号，行距为固定值 20 磅，左、右各缩进 2 字符，首行缩进 2 字符，对齐方式设置为左对齐。

【任务 5】创建表格

使用已有的文本素材“秩序册文本素材 .docx”，选择合适的方式，创建表格。

（1）参照如图 3-21 所示效果，完成会议安排表的制作，并插入到第三部分的相应位置中，格式要求：合并单元格、内容居中，字体及边框底纹等样式可自定义。

（2）参照如图 3-22 所示效果，完成专家及会议代表名单的制作，并插入到第四部分的相应位置中。

序号	时间	内容	主持人
1	14:00—15:00	宣布会议开始并介绍与会人员	何帅
2		承研单位汇报“实验室管理系统”需求分析基本情况	
3	15:10—17:10	专家审查相关资料	
4		提问解答	
5		专家组讨论、拟定评审意见	
6		专家组宣布审查意见	
7	17:20—17:30	领导总结讲话	
8		宣布会议结束	

图 3-21　会议安排表

序号	姓名	单位	职务	联系方式
专家组				
1	李铭	西南大学	教授	12523120001
2	王城	重庆大学	教授	12310102222
3	刘柳	重庆邮电大学	教授	12512345656
4	刘平平	重庆工商大学	高级工程师	12234566822
5	张世礼	重庆人文科技学院	教授	12523238900
6	曾瑜	重庆理工大学	高级工程师	12999003341
7	朱宇昕	重庆师范大学	教授	12512345678
与会代表				
1	李虹	重庆人文科技学院	教授	12523145678
2	刘梅	重庆人文科技学院	教授	12534983987
3	张思毅	重庆人文科技学院	副教授	12523567812
4	王强	重庆人文科技学院	副教授	12533445648
5	赵明	重庆人文科技学院	高级实验师	12378902134
6	周立	重庆人文科技学院	实验师	12567852245

图 3-22　专家及会议代表名单

【任务 6】自动生成目录

根据要求自动生成文档的目录，如图 3-23 所示。

（1）在文字“目录”后按 Enter 回车键换段，单击“引用”选项卡→“目录”组→“目录”按钮→“自动目录 1”，单击“确定”按钮，自动生成目录。

（2）设置“目录”两个字为黑体、二号，目录内容字号设置为四号字。

目录

一、报到、会务组......1

二、会议须知......2

三、会议安排......3

图 3-23　目录

实验四　制作公司工资条

一、实验目的

掌握 Word 中邮件合并功能。

二、实验任务

【任务 1】创建主文档

【任务 2】打开并编辑数据源

【任务 3】插入合并字段

【任务 4】排除收件人

【任务 5】合并文档

三、操作步骤

【任务 1】创建主文档

（1）新建 Word 文档，保存为“工资条 .docx”。

（2）在该文档中输入如图 3-24 所示内容。

工资条

姓名	性别	部门	职称	基本工资	奖金	津贴	加班费	应发工资	个人所得税	实发工资

图 3-24 主文档内容

【任务 2】打开并编辑数据源

（1）打开“工资条 .docx”的文件。

（2）单击“邮件”选项卡→“开始邮件合并”组→“选择收件人”→“使用现有列表”按钮，如图 3-25 所示，弹出“选取数据源”对话框。

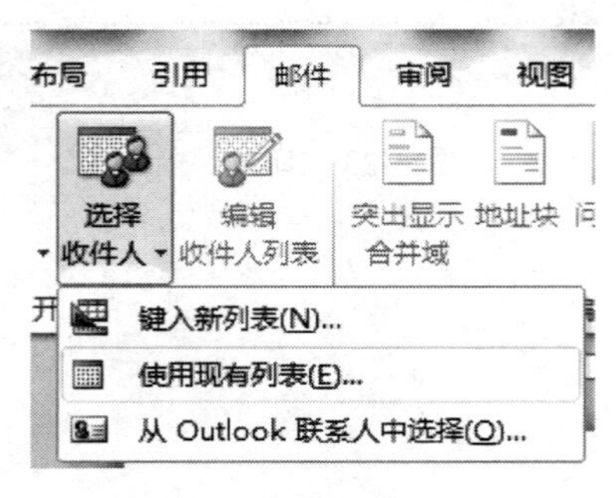

图 3-25 选取数据源命令

（3）在对话框中选择“公司员工工资表 .xlsx”数据源，单击“打开”按钮，将数据源打开，在弹出的“选择表格”对话框中选择 Sheet1$，然后单击“确定”按钮，如图 3-26 所示。

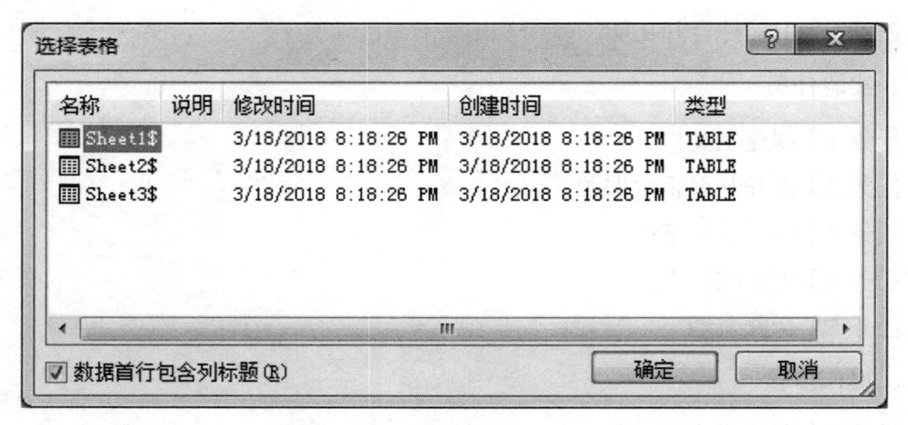

图 3-26 “选择表格”对话框

（4）单击“邮件”选项卡→“开始邮件合并”组→“编辑收件人列表”按钮，弹出“邮件合并收件人”对话框，如图 3-27 所示。

（5）在“调整收件人”列表中单击“筛选”选项，弹出“筛选和排序”对话框，设置筛选条件，如图 3-28 所示。

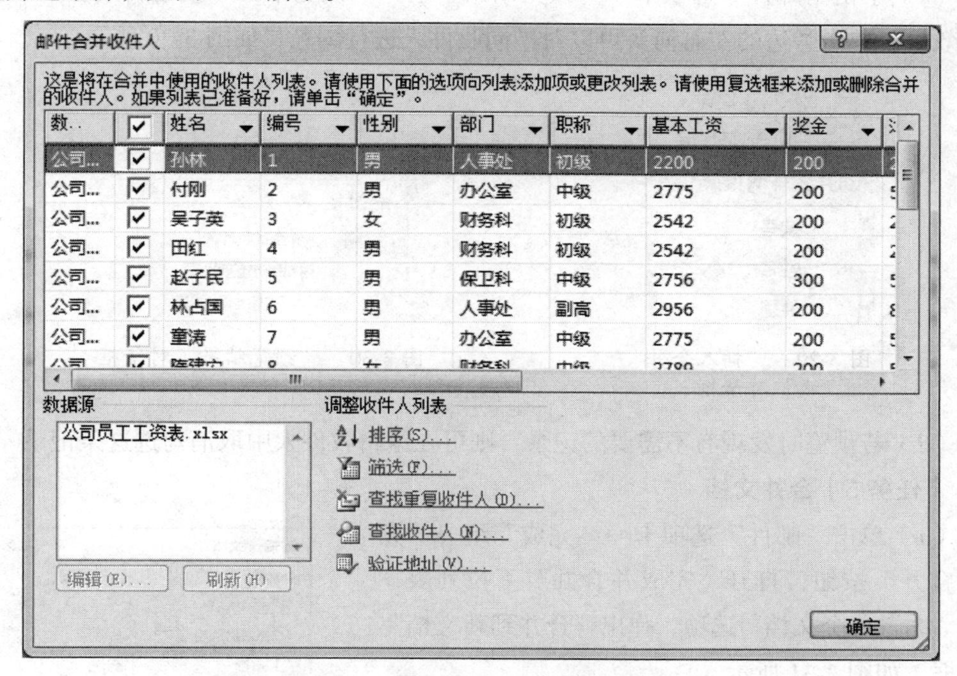

图 3-27　“邮件合并收件人”对话框

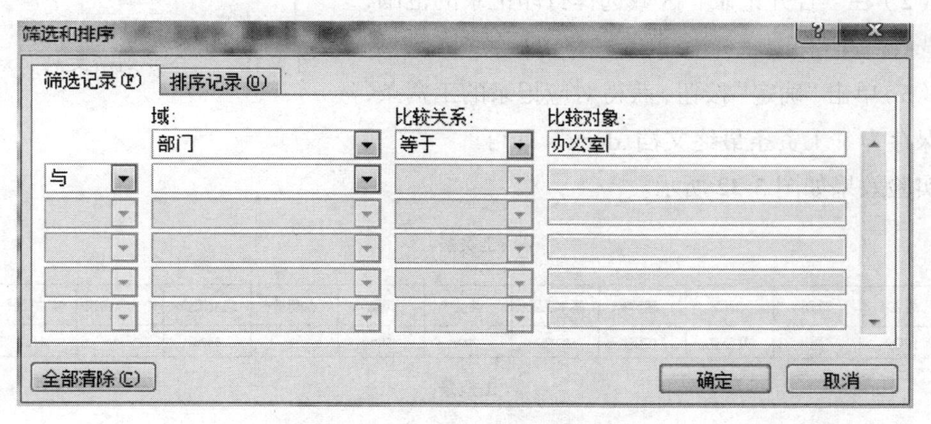

图 3-28　“筛选和排序”对话框

【任务 3】插入合并字段

（1）将鼠标定位在要插入合并域的位置，这里定位在“姓名”下面的单元格中。

（2）单击“邮件”选项卡→“编辑和插入域”组→“插入合并域”按钮，打开“插入合并域”下拉列表，选择“姓名”字段，如图 3-29 所示，则会在文档中插入“姓名”合并字段。按照相同的方法，依次在单元格中插入相应的字段。

【任务 4】排除收件人

（1）单击“邮件”选项卡→“预览结果”组→“预览结果”按钮，则显示出插入域的效果。单击旁边的左右箭头可以对不同收件人进行浏览，如图 3-30 所示。

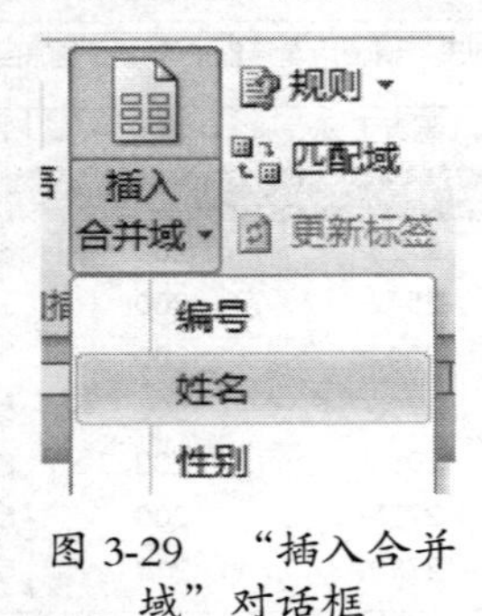

图 3-29　“插入合并域”对话框

图 3-30　“预览结果”对话框

（2）若预览时发现有不需要的记录，则可在编辑收件人中取消勾选这条记录。

【任务 5】合并文档

（1）单击“邮件”选项卡→“完成”组→“完成并合并”按钮，打开“完成并合并”下拉列表，选择“编辑单个文档”选项，弹出“合并到新文档”对话框，如图 3-31 所示。

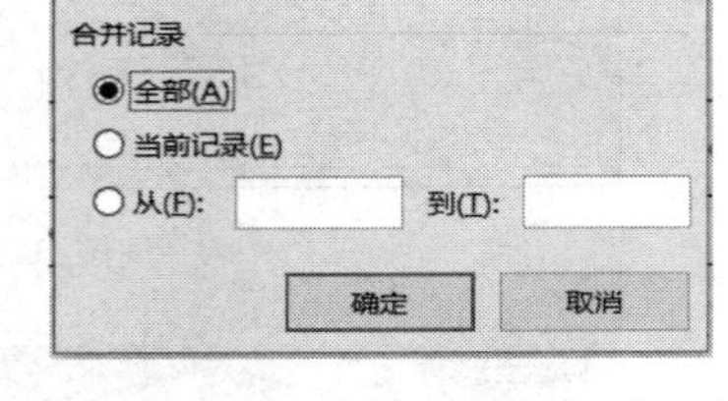

图 3-31　“合并到新文档”对话框

（2）在“合并记录”区域选择打印记录的范围，这里选择“全部”。

（3）单击“确定”按钮，获得对应记录的工资条，将其保存为“工资条最终文档.docx”即可。

实验效果如图 3-32 所示。

工资条

姓名	性别	部门	职称	基本工资	奖金	津贴	加班费	应发工资	个人所得税	实发工资
付刚	男	办公室	中级	2775	200	500		3475	24	3451

工资条

姓名	性别	部门	职称	基本工资	奖金	津贴	加班费	应发工资	个人所得税	实发工资
李鹏	女	办公室	中级	2626	200	500		3326	17	3309

工资条

姓名	性别	部门	职称	基本工资	奖金	津贴	加班费	应发工资	个人所得税	实发工资
宫丽	女	办公室	中级	2612	200	500		3312	16	3296

图 3-32　实验效果图

第 4 章　表格处理软件 Excel

实验一　创建与编辑员工信息表

一、实验目的

1. 掌握 Excel 中数据的录入。

2. 掌握 Excel 中数据验证的设置。

3. 掌握 Excel 中单元格格式和条件格式的设置。

4. 掌握 Excel 中对工作表的操作。

二、实验任务

【任务 1】新建“员工信息表 .xlsx”，录入表格数据

【任务 2】设置“所在部门”列数据验证为序列

【任务 3】按要求对“员工信息表”设置格式

【任务 4】新建工作表，设置条件格式

三、操作步骤

【任务 1】新建“员工信息表 .xlsx”，录入表格数据

（1）新建 Excel 文件，先保存到个人文件夹，命名为“员工信息表 .xlsx”，如图 4-1 所示。

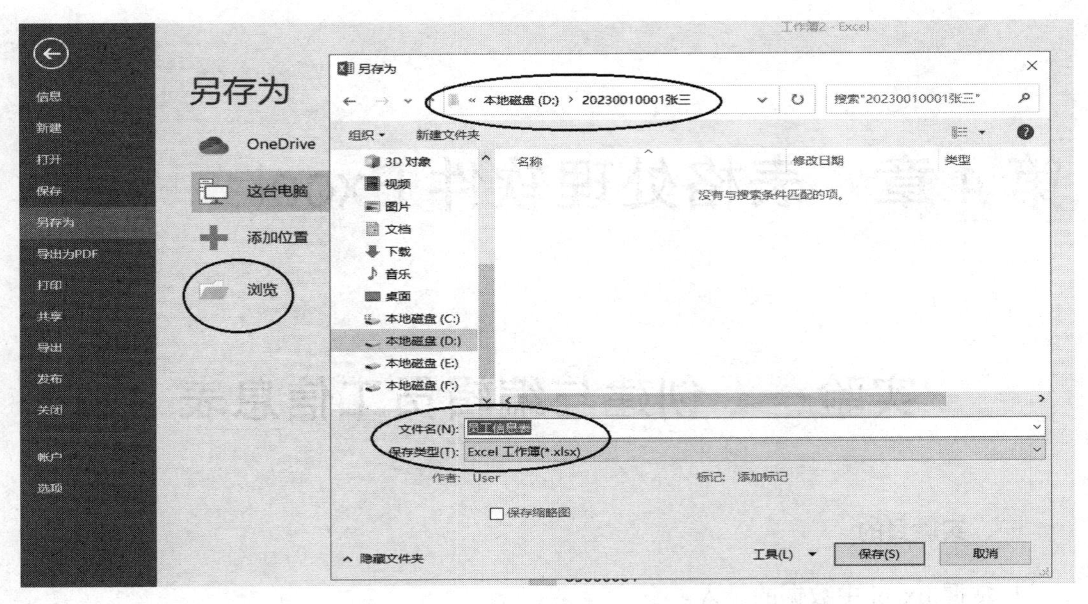

图 4-1　保存 Excel 文件

（2）录入“员工信息表”，表格数据如图 4-2 所示。

	A	B	C	D	E	F
1	工号	姓名	性别	出生日期	所在部门	基本工资
2	001	王芬	女	1990年6月22日		2500
3	002	许轩泽	男	1991年10月17日		2760
4	003	李小果	女	1991年12月20日		3200
5	004	章林	男	1992年3月4日		2600
6	005	马冬梅	女	1992年7月6日		2800
7	006	陈双	男	1992年10月12日		2300
8	007	刘咏	男	1993年2月17日		2800
9	008	赵小夏	女	1993年6月8日		2350
10	009	周小敏	女	1993年9月26日		2800
11	010	盛一璇	女	1994年5月19日		2280
12	011	陆绎	男	1994年11月13日		2780

图 4-2　“员工信息表”数据

①首先录入第 1 行的列标题：工号、姓名、性别等。

②如图 4-3 所示，单击 A2 单元格，切换到英文输入法。先输入英文单引号，再接着输入“001”，按回车键确认输入。再单击 A2 单元格，鼠标指向 A2 单元格的“填充柄”（图中“3”的位置），向下拖动填充柄，完成文本序列的填充。

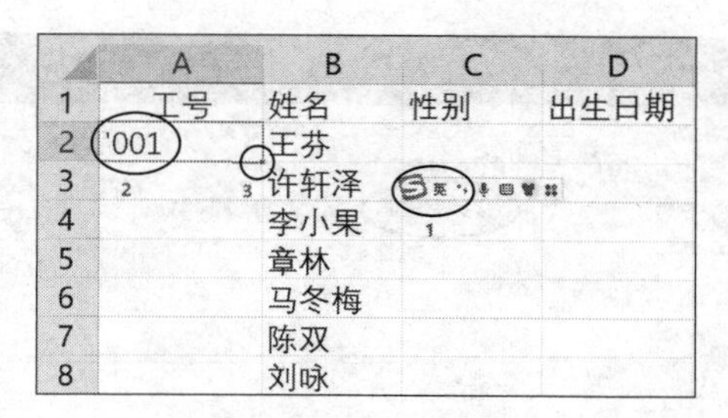

图 4-3　数字文本的输入

③输入“出生日期”的日期型数据：选定 D2：D12 单元格区域，选择“开始”选项卡→“数字”组，数字格式设置为“长日期”，如图 4-4 所示。依次在单元格内输入日期。注意：日期分隔符用“/”或“-”。

例如，D2 单元格可输入“90/06/22”。

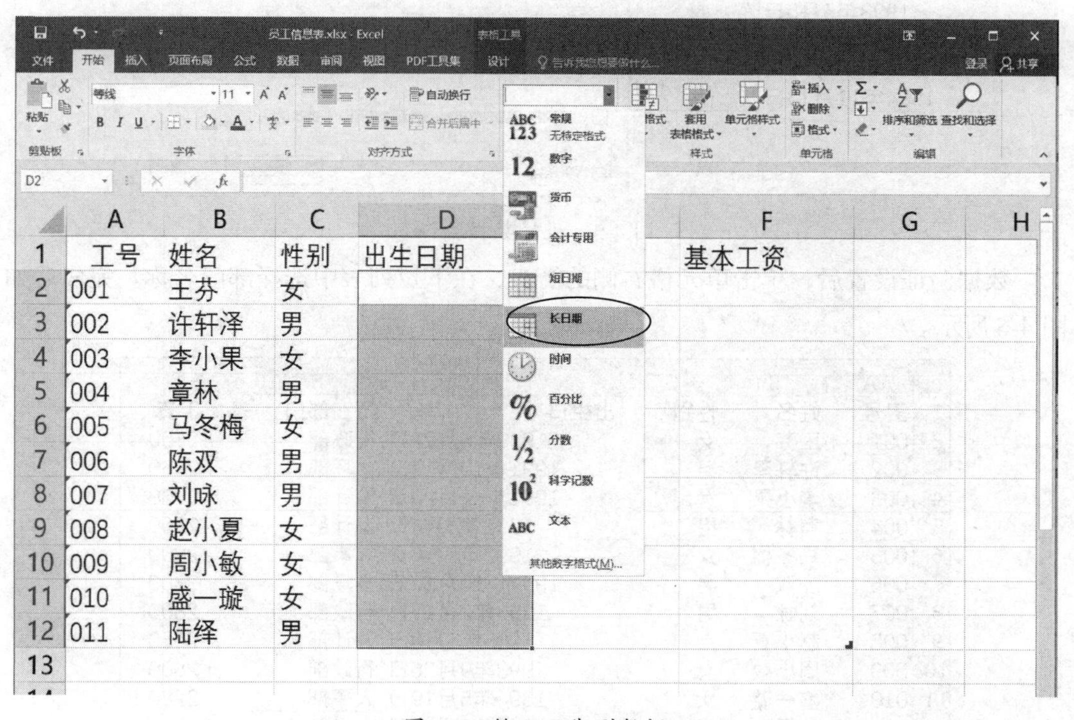

图 4-4　输入日期型数据

④参照如图 4-2 所示，输入表格中的其他数据。

【任务 2】设置“所在部门”列数据验证为序列

选定 E2：E12 单元格区域，单击“数据”选项卡→“数据工具”组→“数据验证”按钮→“数据验证”，在“数据验证”对话框中，设置如图 4-5 所示的参数。注意：部门名称间用英文的逗号隔开。

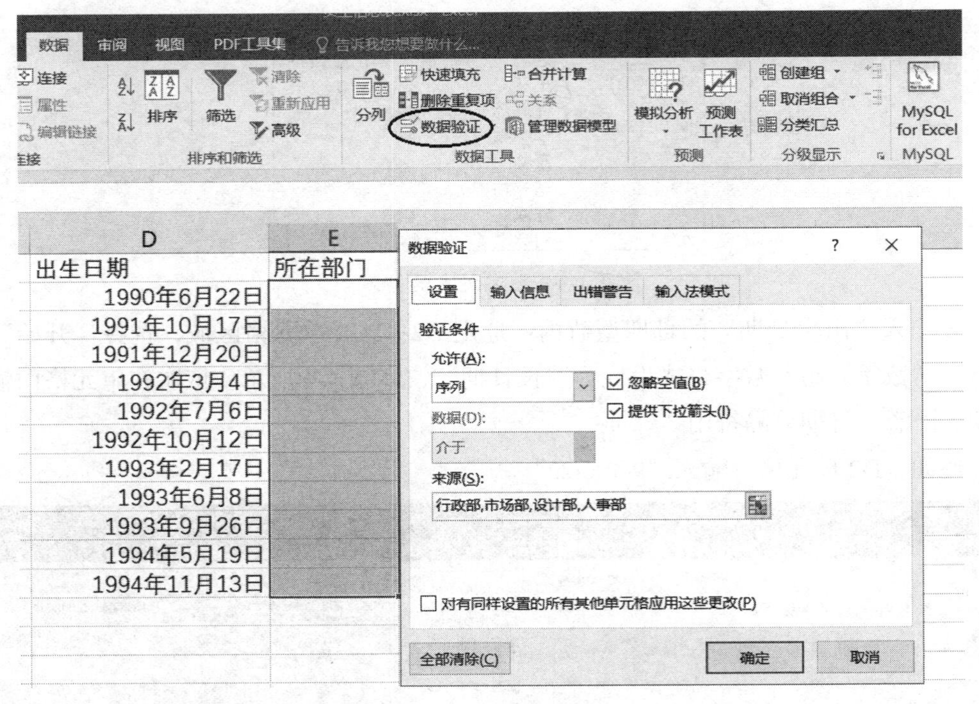

图 4-5　设置数据验证

数据验证设置后，单击单元格右侧的箭头，在下拉列表中选择部门名称。完成后如图 4-6 所示。

	A	B	C	D	E	F
1	工号	姓名	性别	出生日期	所在部门	基本工资
2	001	王芬	女	1990年6月22日	行政部	2500
3	002	许轩泽	男	1991年10月17日	市场部	2760
4	003	李小果	女	1991年12月20日	设计部	3200
5	004	章林	男	1992年3月4日	设计部	2600
6	005	马冬梅	女	1992年7月6日	人事部	2800
7	006	陈双	男	1992年10月12日	市场部	2300
8	007	刘咏	男	1993年2月17日	行政部	2800
9	008	赵小夏	女	1993年6月8日	设计部	2350
10	009	周小敏	女	1993年9月26日	行政部	2800
11	010	盛一璇	女	1994年5月19日	人事部	2280
12	011	陆绎	男	1994年11月13日	市场部	2780

图 4-6　选择所在部门

【任务 3】按要求对“员工信息表”设置格式

（1）在第 1 行插入标题。在第 1 行的行号位置，单击右键选择“插入”，在 A1 单元格录入 “员工信息表”；选择 A1：F1 单元格区域，单击“合并后居中”按钮，如图 4-7 所示。

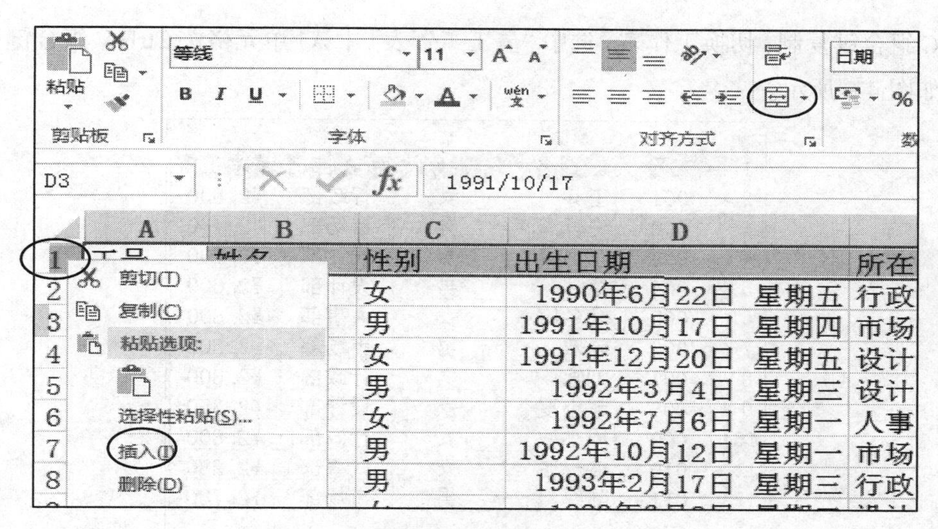

图 4-7　插入标题

（2）设置单元格格式。表格标题设置为微软雅黑、16 磅；A2：F2 列标题设置为宋体、加粗、12 磅、居中对齐；其余单元格设置为宋体、12 磅；性别和所在部门所在列设置为居中对齐；基本工资设置为货币型，小数位为 0 位。对 A1：F13 区域添加蓝色实线外框、绿色虚线内框，A2：F2 区域填充灰色，如图 4-8 所示。

	A	B	C	D	E	F
1	员工信息表					
2	工号	姓名	性别	出生日期	所在部门	基本工资
3	001	王芬	女	1990年6月22日	行政部	¥2,500
4	002	许轩泽	男	1991年10月17日	市场部	¥2,760
5	003	李小果	女	1991年12月20日	设计部	¥3,200
6	004	章林	男	1992年3月4日	设计部	¥2,600
7	005	马冬梅	女	1992年7月6日	人事部	¥2,800
8	006	陈双	男	1992年10月12日	市场部	¥2,300
9	007	刘咏	男	1993年2月17日	行政部	¥2,800
10	008	赵小夏	女	1993年6月8日	设计部	¥2,350
11	009	周小敏	女	1993年9月26日	行政部	¥2,800
12	010	盛一璇	女	1994年5月19日	人事部	¥2,280
13	011	陆绎	男	1994年11月13日	市场部	¥2,780
14						

图 4-8　设置单元格式

【任务 4】新建工作表，设置条件格式

将部分数据复制到工作表，对小于 2 500 的工资添加条件格式。

（1）鼠标移向工作表名称处，单击右键选择“重命名”命令，将“Sheet1”改为“员工信息表”。单击“ ⊕ ”添加新工作表，新工作表重命名为“员工工资表”。

（2）在“员工信息表”中，利用 Ctrl 键选中 A2：C13 和 E2：F13 不连续区域；按

Ctrl+C 组合键复制，切换工作表，选中“员工工资表”中 A1 单元格按 Ctrl+V 组合键粘贴，结果如图 4-9 所示。

	A	B	C	D	E
1	工号	姓名	性别	所在部门	基本工资
2	001	王芬	女	行政部	¥2,500
3	002	许轩泽	男	市场部	¥2,760
4	003	李小果	女	设计部	¥3,200
5	004	章林	男	设计部	¥2,600
6	005	马冬梅	女	人事部	¥2,800
7	006	陈双	男	市场部	¥2,300
8	007	刘咏	男	行政部	¥2,800
9	008	赵小夏	女	设计部	¥2,350
10	009	周小敏	女	行政部	¥2,800
11	010	盛一璇	女	人事部	¥2,280
12	011	陆绎	男	市场部	¥2,780
13					

员工信息表　员工工资表

图 4-9　员工工资表

（3）选中 E2：E12 区域，选择：“开始”选项卡→“样式”组→“条件格式”按钮→“突出显示单元格规则”→“小于”，将小于 2 500 的工资设置为浅红填充色深红色文本，如图 4-10 所示。

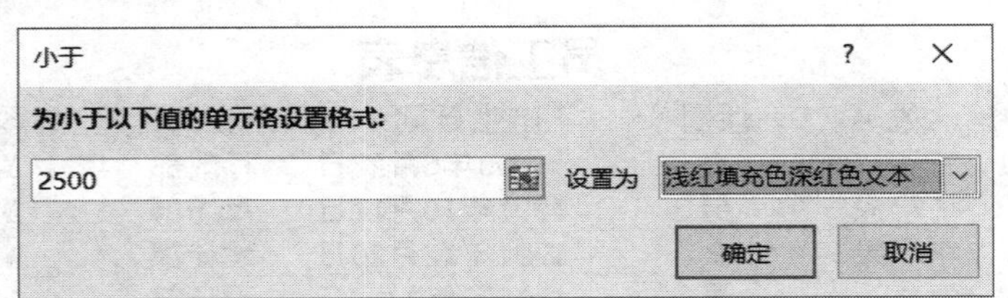

图 4-10　设置条件格式

最终工作表如图 4-11 所示。

	A	B	C	D	E
1	工号	姓名	性别	所在部门	基本工资
2	001	王芬	女	行政部	¥2,500
3	002	许轩泽	男	市场部	¥2,760
4	003	李小果	女	设计部	¥3,200
5	004	章林	男	设计部	¥2,600
6	005	马冬梅	女	人事部	¥2,800
7	006	陈双	男	市场部	¥2,300
8	007	刘咏	男	行政部	¥2,800
9	008	赵小夏	女	设计部	¥2,350
10	009	周小敏	女	行政部	¥2,800
11	010	盛一璇	女	人事部	¥2,280
12	011	陆绎	男	市场部	¥2,780
13					

图 4-11　最终工作表

实验二　Excel 公式操作

一、实验目的

1. 掌握 Excel 中求和函数 SUM、SUMIF、SUMIFS 的使用。
2. 掌握 Excel 中统计函数 COUNT、COUNTA、COUNTIF 的使用。
3. 掌握 Excel 中排名函数 RANK、查找函数 VLOOKUP 的使用。

二、实验任务

打开素材文件“实验 2- 学生管理 .xlsx”，内含 3 张工作表“学生成绩表”“学生信息表”“宿舍信息表”，如图 4-12 所示。

	A	B	C	D	E	F	G	H	I	J
1	学号	姓名	数学	英语	语文	体育	总分	平均分	总评	排名
2	2022123041	刘悦然	114	118	70	B				
3	2022123043	贺诗琪	140	116	141	A				
4	2022123045	林云慧	114	84	81	A				
5	2022123046	谢清青	20	105	45	B				
6	2022123047	潘肖惟	102	128	44	A				
7	2022123048	张俊泽	120	94	124	A				
8	2022123049	陶欣	92	146	140	A				
9	2022123050	崔鸣明	93	121	74	A				
10	2022123051	潘南希	98	116	132	A				
11	2022123053	赵乐	37	121	107	C				
12	2022123055	陈绍琪	41	127	76	C				
13	2022123057	李景雪	80	125	78	B				
14	2022123059	朱良进	106	85	80	B				
15	各科及格率									
16										
17										
18										

名称框　学生成绩表　学生信息表　宿舍信息表

图 4-12　打开 Excel 文件

【任务 1】在“学生成绩表”中，计算学生课程的总分、平均分、总评

【任务 2】在“学生成绩表”中，计算学生总分排名、各学科的及格率

【任务 3】在“学生信息表”中，根据“宿舍信息表”查询所有学生的宿舍编号

【任务 4】在“学生信息表”中，按要求对各类分数求和

三、操作步骤

【任务 1】在“学生成绩表”中，计算学生课程的总分、平均分、总评

在“学生成绩表”中，计算所有学生课程总分、平均分，平均分保留 1 位小数。

（1）单击 G2 单元格，单击 *fx* 按钮，在常用函数中选择 SUM 求和函数，可以直接通过鼠标拖动选取 C2：E2 求和区域，参数设置如图 4-13 所示。鼠标移到 G2 单元格的填充柄上，向下拖动复制公式计算出所有学生的总分。

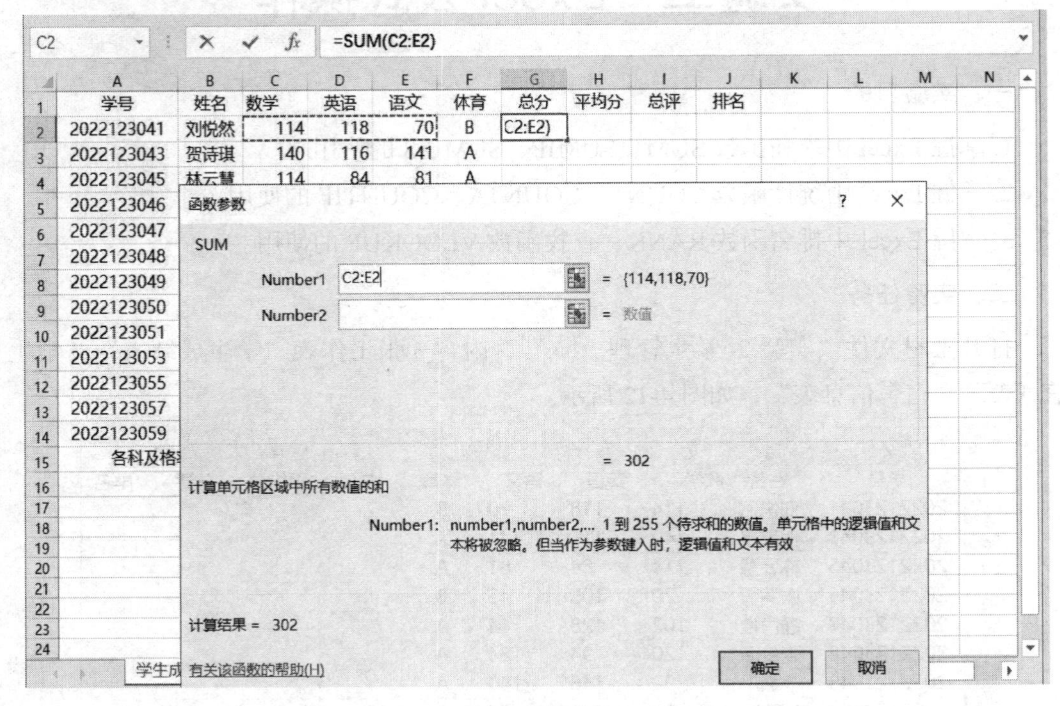

图 4-13　求和函数 SUM 的使用

（2）参考以上步骤，使用 AVERAGE 函数计算出学生的平均分。选中平均分单元格区域，设置单元格式为数值，保留 1 位小数，如图 4-14 所示。

	A	B	C	D	E	F	G	H	I	J
1	学号	姓名	数学	英语	语文	体育	总分	平均分	总评	排名
2	2022123041	刘悦然	114	118	70	B	302	100.7		
3	2022123043	贺诗琪	140	116	141	A	397	132.3		
4	2022123045	林云慧	114	84	81	A	279	93.0		
5	2022123046	谢清青	20	105	45	B	170	56.7		
6	2022123047	潘肖惟	102	128	44	A	274	91.3		
7	2022123048	张俊泽	120	94	124	A	338	112.7		
8	2022123049	陶欣	92	146	140	A	378	126.0		
9	2022123050	崔鸣明	93	121	74	A	288	96.0		
10	2022123051	潘南希	98	116	132	A	346	115.3		
11	2022123053	赵乐	37	121	107	C	265	88.3		
12	2022123055	陈绍琪	41	127	76	C	244	81.3		
13	2022123057	李景雪	80	125	78	B	283	94.3		
14	2022123059	朱良进	106	85	80	B	271	90.3		
15	各科及格率									

图 4-14　计算平均分

在“学生信息表”中计算总评，总评细则如下：

总分 >=350　　　评为“A”；

300<= 总分 <350　评为“B”；

总分 <300　　　　评为“C”。

鼠标单击 I2 单元格，单击 *fx* 按钮，找到 IF 函数，参数设置如图 4-15 所示。注意：双引号、逗号、大于号、括号均为英文标点符号。

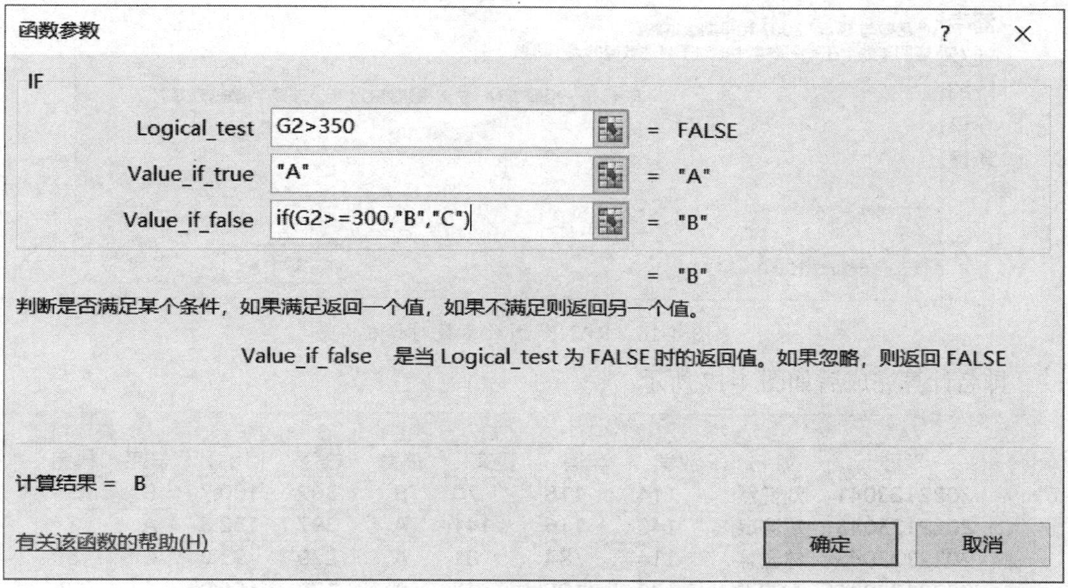

函数参数　? ×

IF

Logical_test　G2>350　= FALSE

Value_if_true　"A"　= "A"

Value_if_false　if(G2>=300,"B","C")　= "B"

= "B"

判断是否满足某个条件，如果满足返回一个值，如果不满足则返回另一个值。

Value_if_false　是当 Logical_test 为 FALSE 时的返回值。如果忽略，则返回 FALSE

计算结果 =　B

有关该函数的帮助(H)　确定　取消

图 4-15　IF 函数参数对话框

也可以直接手动输入公式“=IF（G2>350，"A"，IF（G2>=300，"B"，"C"））”。

【任务 2】在“学生成绩表”中，计算学生总分排名、各学科的及格率

在“学生成绩表”中，计算学生总分的排名。

单击 J2 单元格，单击“ *fx* ”按钮，在搜索函数处输入“RANK”，单击“转到”按钮，选择 RANK 排名函数，参数设置如图 4-16 所示。注意：第 2 个参数需要使用绝对引用地址。

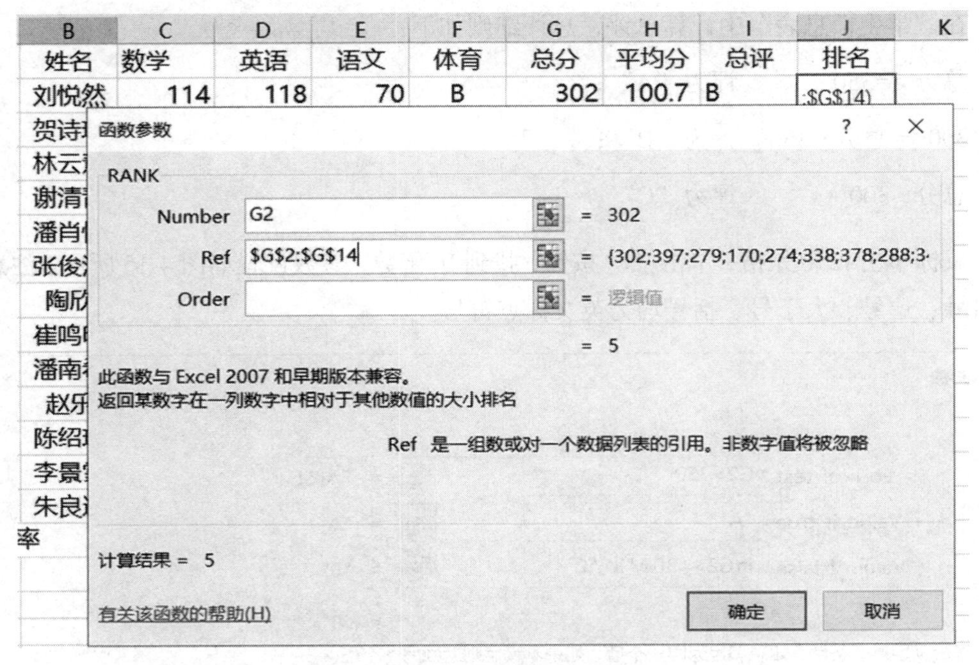

图 4-16 RANK 函数参数对话框

排名计算完成后如图 4-17 所示。

	A	B	C	D	E	F	G	H	I	J
1	学号	姓名	数学	英语	语文	体育	总分	平均分	总评	排名
2	2022123041	刘悦然	114	118	70	B	302	100.7	B	5
3	2022123043	贺诗琪	140	116	141	A	397	132.3	A	1
4	2022123045	林云慧	114	84	81	A	279	93.0	C	8
5	2022123046	谢清青	20	105	45	B	170	56.7	C	13
6	2022123047	潘肖惟	102	128	44	A	274	91.3	C	9
7	2022123048	张俊泽	120	94	124	A	338	112.7	B	4
8	2022123049	陶欣	92	146	140	A	378	126.0	A	2
9	2022123050	崔鸣明	93	121	74	A	288	96.0	C	6
10	2022123051	潘南希	98	116	132	A	346	115.3	B	3
11	2022123053	赵乐	37	121	107	C	265	88.3	C	11
12	2022123055	陈绍琪	41	127	76	C	244	81.3	C	12
13	2022123057	李景雪	80	125	78	B	283	94.3	C	7
14	2022123059	朱良进	106	85	80	B	271	90.3	C	10
15	各科及格率									

图 4-17 总分排名计算结果

在“学生成绩表”中，计算各科课程的及格率。成绩大于等于 90 分为及格，及格率 = 及格的人数 / 总人数。

（1）单击 C15 单元格，单击“ *fx* ”按钮，若常用函数中没有 COUNTIF，则在搜索函数处输入“COUNTIF”，单击“转到”按钮选择函数，参数设置如图 4-18 所示。

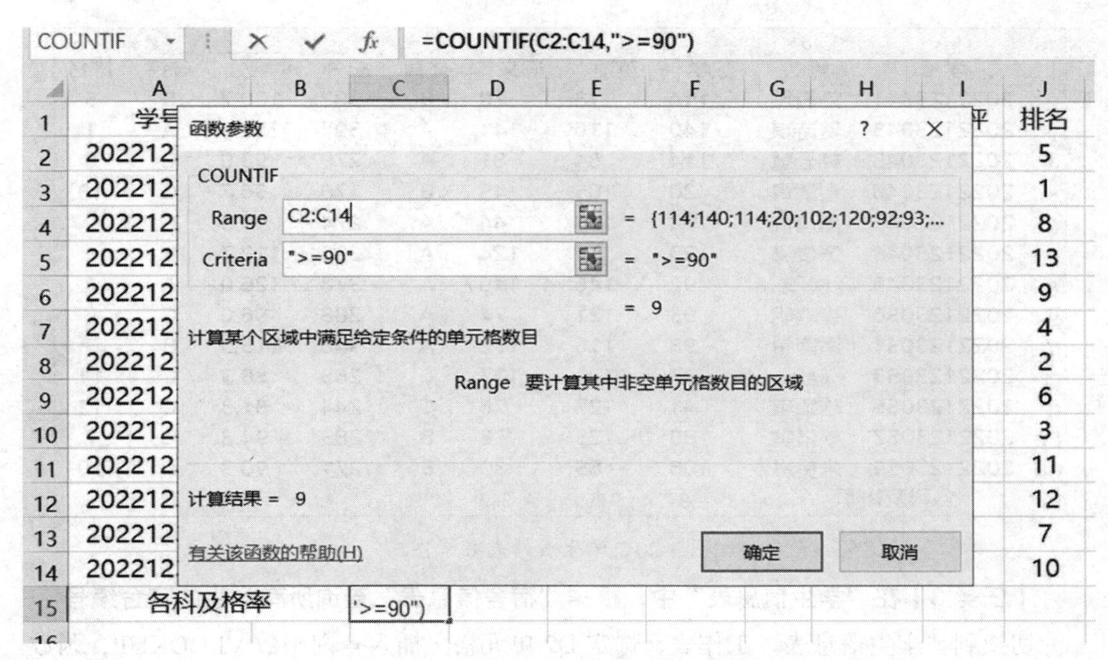

图 4-18　统计及格的人数

（2）单击 C15 单元格，再单击编辑栏公式的末尾，输入除号“/”，单击“ f_x ”按钮，选择 COUNT 函数，参数设置如图 4-19 所示。

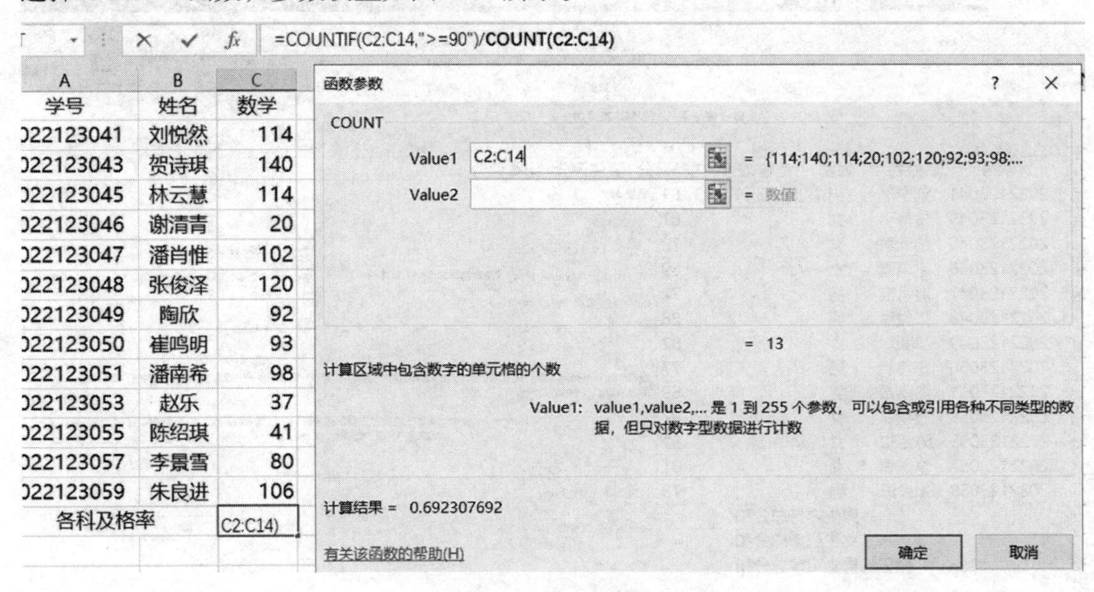

图 4-19　统计总人数

（3）设置当前单元格格式为百分比样式，不保留小数位。“学生成绩表”最终效果如图 4-20 所示。

	A	B	C	D	E	F	G	H	I	J
1	学号	姓名	数学	英语	语文	体育	总分	平均分	总评	排名
2	2022123041	刘悦然	114	118	70	B	302	100.7	B	5
3	2022123043	贺诗琪	140	116	141	A	397	132.3	A	1
4	2022123045	林云慧	114	84	81	A	279	93.0	C	8
5	2022123046	谢清青	20	105	45	B	170	56.7	C	13
6	2022123047	潘肖惟	102	128	44	A	274	91.3	C	9
7	2022123048	张俊泽	120	94	124	A	338	112.7	B	4
8	2022123049	陶欣	92	146	140	A	378	126.0	A	2
9	2022123050	崔鸣明	93	121	74	A	288	96.0	C	6
10	2022123051	潘南希	98	116	132	A	346	115.3	B	3
11	2022123053	赵乐	37	121	107	C	265	88.3	C	11
12	2022123055	陈绍琪	41	127	76	C	244	81.3	C	12
13	2022123057	李景雪	80	125	78	B	283	94.3	C	7
14	2022123059	朱良进	106	85	80	B	271	90.3	C	10
15	各科及格率		69%	85%	38%					

图 4-20　学生成绩表效果图

【任务 3】在“学生信息表”中，根据“宿舍信息表”查询所有学生的宿舍编号

切换到“学生信息表”工作表，选定 D2 单元格。插入查询函数 VLOOKUP，函数插入方法参考前面的操作。该函数参数如图 4-21 所示。注意：第 2 个参数对宿舍信息表的引用需要使用绝对引用地址。

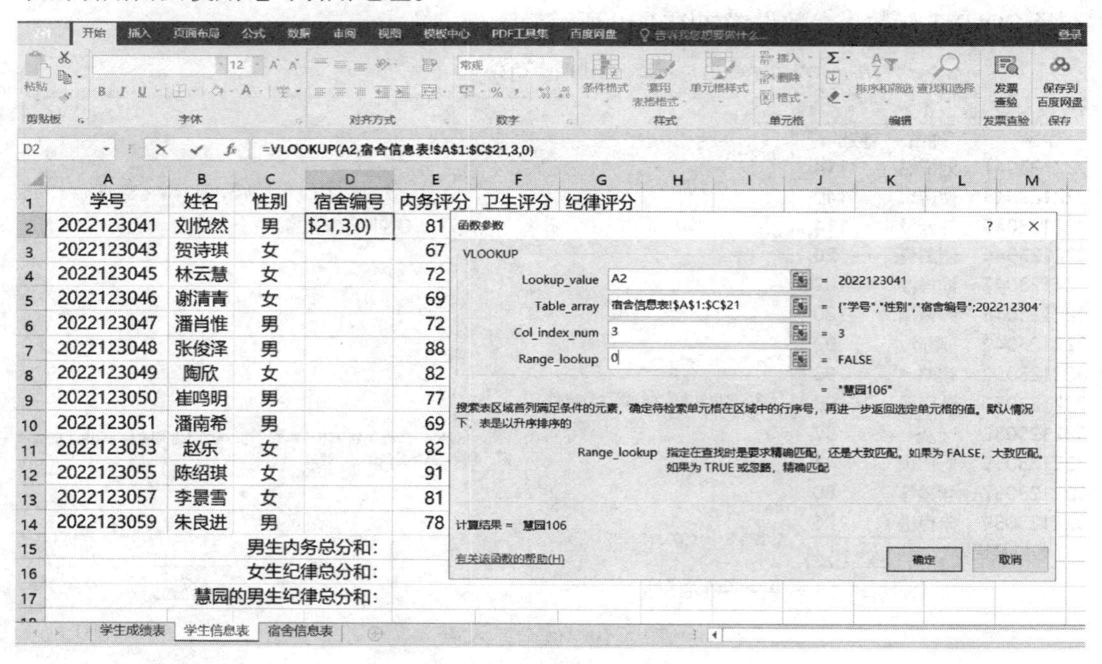

图 4-21　VLOOKUP 函数参数

计算完成后，鼠标拖动 D2 单元格的填充柄依次得出其余学生的宿舍编号。

【任务 4】在“学生信息表”中，按要求对各类分数求和

（1）在“学生信息表”工作表中，选定 E15 单元格。插入条件求和函数 SUMIF，该函数参数如图 4-22 所示，计算出所有男生内务评分之和。

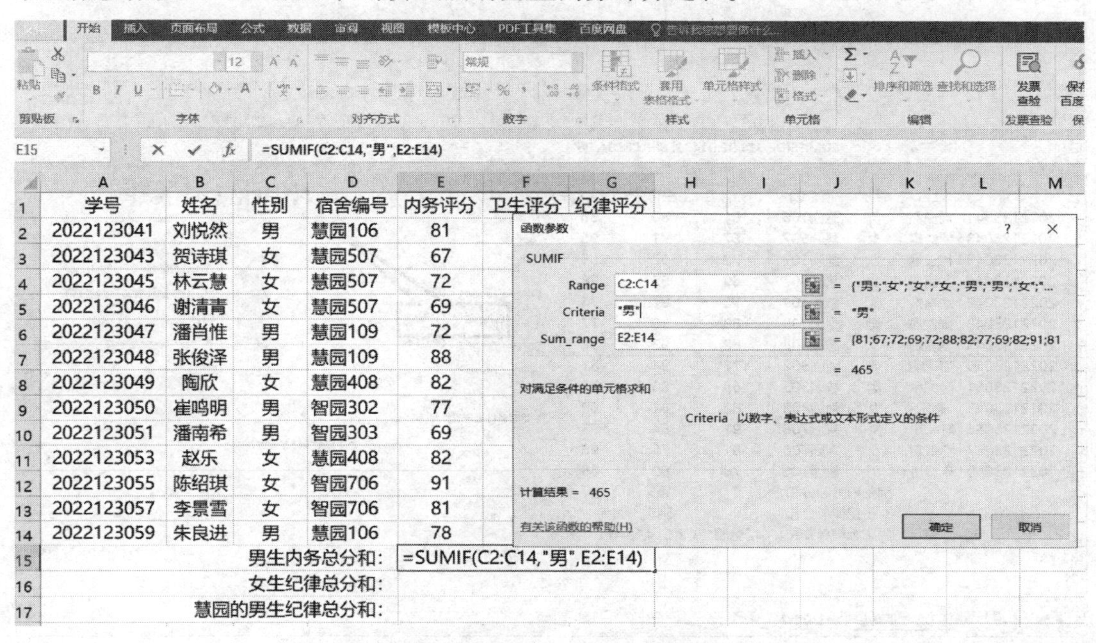

图 4-22　计算男生内务评分和

（2）在“学生信息表”工作表中，选定 E16 单元格。同样插入条件求和函数 SUMIF，该函数参数如图 4-23 所示，计算出所有女生纪律评分和。

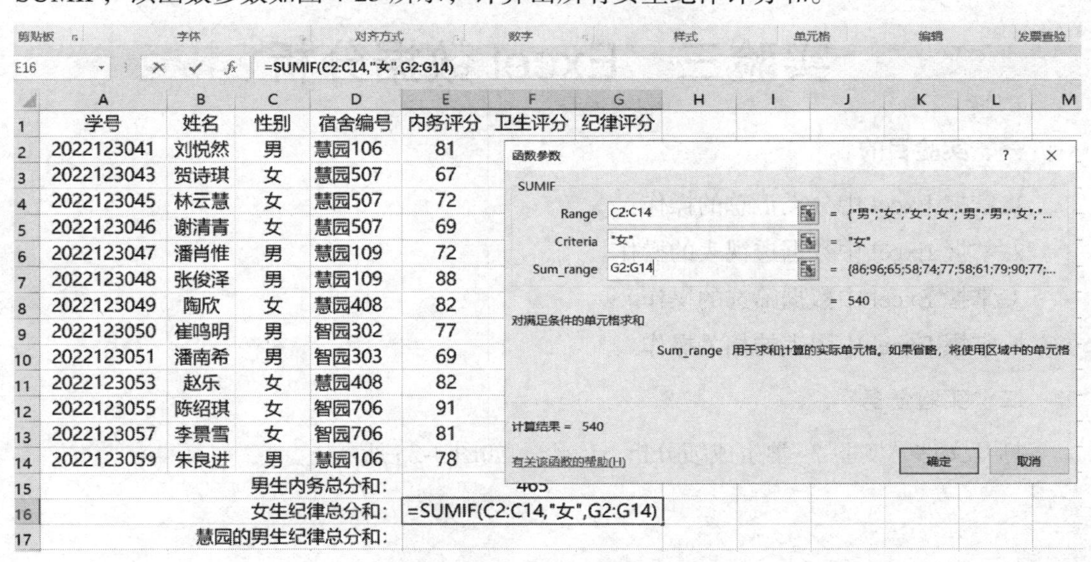

图 4-23　计算女生纪律评分和

（3）在“学生信息表”工作表中，选定 E17 单元格。插入多条件求和函数 SUMIFS，计算出宿舍为慧园的男生纪律评分之和。第三个参数为“慧园 *”，这对条件加上 * 星号是指在 D2: D14 区域宿舍编号以慧园开头的行。该函数参数如图 4-24 所示。

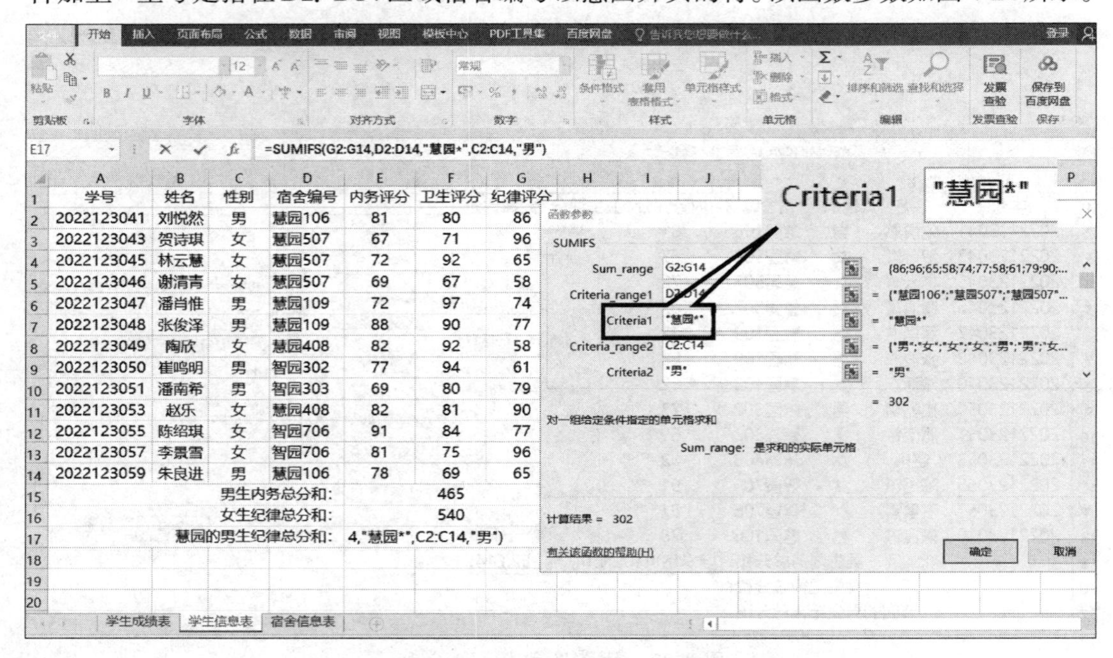

	A	B	C	D	E	F	G
1	学号	姓名	性别	宿舍编号	内务评分	卫生评分	纪律评分
2	2022123041	刘悦然	男	慧园106	81	80	86
3	2022123043	贺诗琪	女	慧园507	67	71	96
4	2022123045	林云慧	女	慧园507	72	92	65
5	2022123046	谢清青	女	慧园507	69	67	58
6	2022123047	潘肖惟	男	慧园109	72	97	74
7	2022123048	张俊泽	男	慧园109	88	90	77
8	2022123049	陶欣	女	慧园408	82	92	58
9	2022123050	崔鸣明	男	智园302	77	94	61
10	2022123051	潘南希	男	智园303	69	80	79
11	2022123053	赵乐	女	慧园408	82	81	90
12	2022123055	陈绍琪	女	智园706	91	84	77
13	2022123057	李景雪	女	智园706	81	75	96
14	2022123059	朱良进	男	慧园106	78	69	65
15				男生内务总分和:		465	
16				女生纪律总分和:		540	
17				慧园的男生纪律总分和:	4,"慧园*",C2:C14,"男")		

图 4-24　计算慧园的男生纪律评分和

实验三　Excel 数据分析

一、实验目的

1. 掌握 Excel 中分类汇总的操作。
2. 掌握 Excel 中数据透视表的操作。
3. 掌握 Excel 中数据筛选的操作。
4. 掌握 Excel 中图表的相关操作。

二、实验任务

打开文件“实验 3- 学生成绩分析 .xlsx”，如图 4-25 所示。

学号	姓名	性别	专业	数学	英语	语文	总分
2022155055	陈绍琪	女	英语	81	86	76	243
2022155050	崔鸣明	男	英语	93	79	84	256
2022155043	贺诗琪	女	英语	74	91	74	239
2022109057	李景雪	女	美术学	55	83	78	216
2022109045	林云慧	女	美术学	77	90	81	248
2022122041	刘悦然	女	法学	80	78	70	228
2022109051	潘南希	女	美术学	83	66	85	234
2022155047	潘肖惟	男	英语	68	86	82	236
2022122049	陶欣	女	法学	79	85	72	236
2022122046	谢清青	男	法学	68	84	80	232
2022109048	张俊泽	男	美术学	92	75	84	251
2022122053	赵乐	男	法学	59	90	81	230
2022122059	朱良进	女	法学	83	82	73	238

图 4-25　学生成绩分析

【任务 1】将工作表“Sheet1”的数据复制到新工作表

【任务 2】按照专业对各科目汇总平均分

【任务 3】筛选“数学成绩在 80 分以上”或者“总分在 240 分以上”的记录

【任务 4】按照性别和专业汇总对总分求平均值

【任务 5】制作学生成绩分析图表

三、操作步骤

【任务 1】将工作表“Sheet1”的数据复制到新工作表

单击工作表名称右侧的 + 号，再添加两张工作表“Sheet2”“Sheet3”，然后将工作表“Sheet1”中的数据复制到“Sheet2”“Sheet3”工作表中。依次修改 3 张工作表名称为“成绩表分类汇总”“成绩表高级筛选”和“成绩表数据分析”，效果如图 4-26 所示。

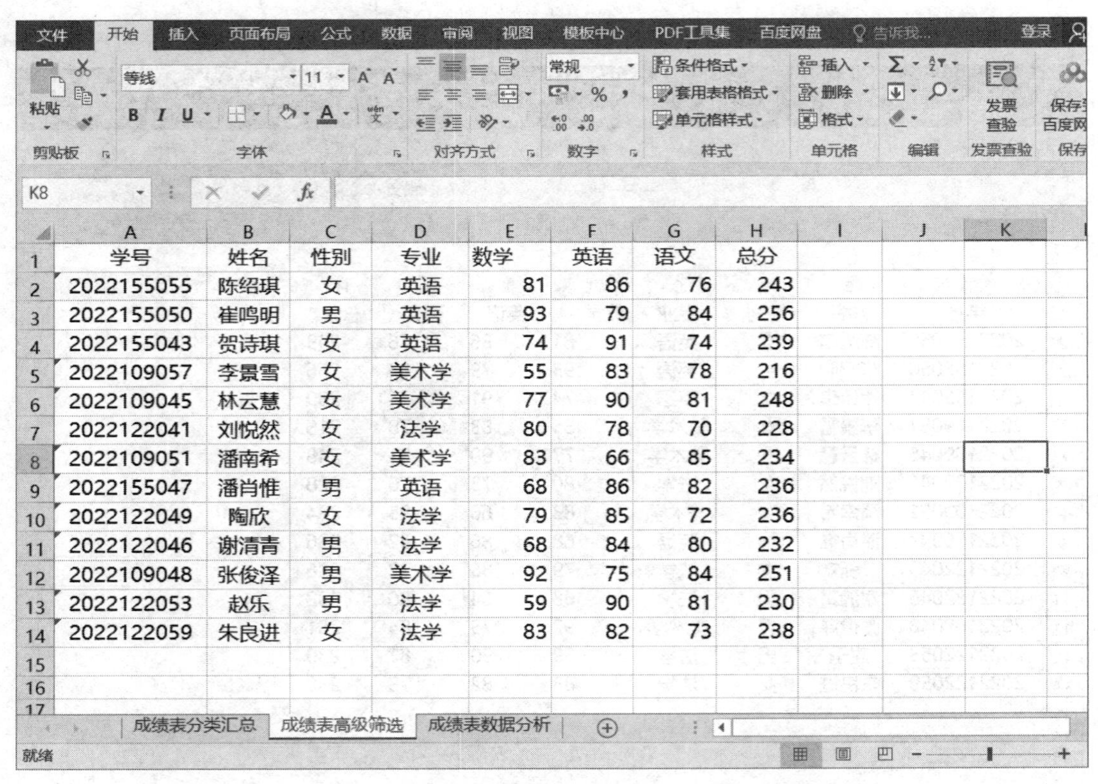

	A	B	C	D	E	F	G	H
1	学号	姓名	性别	专业	数学	英语	语文	总分
2	2022155055	陈绍琪	女	英语	81	86	76	243
3	2022155050	崔鸣明	男	英语	93	79	84	256
4	2022155043	贺诗琪	女	英语	74	91	74	239
5	2022109057	李景雪	女	美术学	55	83	78	216
6	2022109045	林云慧	女	美术学	77	90	81	248
7	2022122041	刘悦然	女	法学	80	78	70	228
8	2022109051	潘南希	女	美术学	83	66	85	234
9	2022155047	潘肖惟	男	英语	68	86	82	236
10	2022122049	陶欣	女	法学	79	85	72	236
11	2022122046	谢清青	男	法学	68	84	80	232
12	2022109048	张俊泽	男	美术学	92	75	84	251
13	2022122053	赵乐	男	法学	59	90	81	230
14	2022122059	朱良进	女	法学	83	82	73	238

图 4-26　添加工作表

【任务 2】按照专业对各科目汇总平均分

（1）打开“成绩表分类汇总”工作表，选定专业列（D 列）里任意一个单元格，然后单击“数据”选项卡→“排序和筛选”组→“升序”按钮，如图 4-27 所示，实现对分类字段“专业”的升序排序。

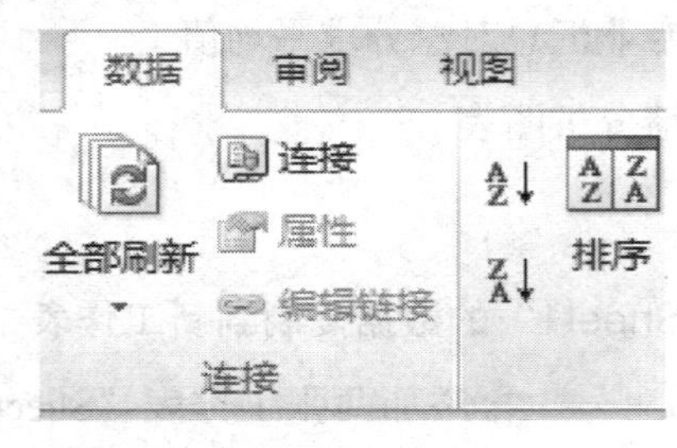

图 4-27　汇总字段排序

（2）鼠标定位在数据区域内任意一个单元格，单击“数据”选项卡→“分级显示”组→“分类汇总”按钮，分别设置分类字段：专业；汇总方式：平均值；汇总项：数学、英语、语文。分类汇总选项设置如图 4-28 所示。

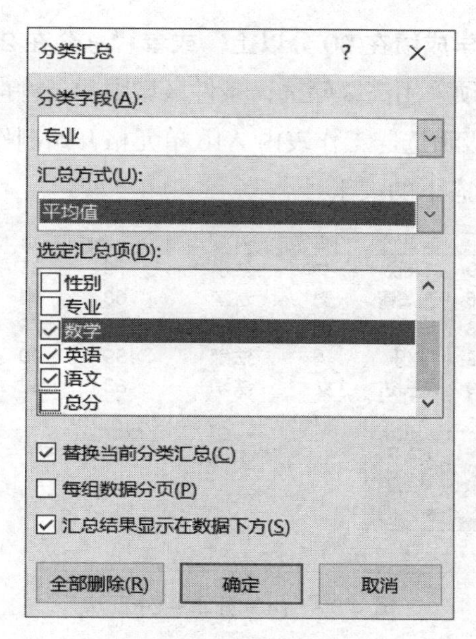

图 4-28　分类汇总设置

（3）单击“确定”按钮，完成分类汇总。使用 Ctrl 键选择汇总行，设置平均值小数位为 2 位数。按照专业对各科目汇总的最终效果如图 4-29 所示。

	A	B	C	D	E	F	G	H
1	学号	姓名	性别	专业	数学	英语	语文	总分
2	2022122041	刘悦然	女	法学	80	78	70	228
3	2022122049	陶欣	女	法学	79	85	72	236
4	2022122046	谢清青	男	法学	68	84	80	232
5	2022122053	赵乐	男	法学	59	90	81	230
6	2022122059	朱良进	女	法学	83	82	73	238
7				**法学 平均值**	73.80	83.80	75.20	
8	2022109057	李景雪	女	美术学	55	83	78	216
9	2022109045	林云慧	女	美术学	77	90	81	248
10	2022109051	潘南希	女	美术学	83	66	85	234
11	2022109048	张俊泽	男	美术学	92	75	84	251
12				**美术学 平均值**	76.75	78.50	82.00	
13	2022155055	陈绍琪	女	英语	81	86	76	243
14	2022155050	崔鸣明	男	英语	93	79	84	256
15	2022155043	贺诗琪	女	英语	74	91	74	239
16	2022155047	潘肖惟	男	英语	68	86	82	236
17				**英语 平均值**	79.00	85.50	79.00	
18				**总计平均值**	76.31	82.69	78.46	
19								

成绩表分类汇总　成绩表高级筛选　成绩表数据分析

图 4-29　分类汇总结果

【任务 3】筛选“数学成绩在 80 分以上”或者“总分在 240 分以上”的记录

2 个字段的或运算，须采用高级筛选，条件区域中的条件应该放在不同行上。

（1）从“成绩表高级筛选”工作表内 A16 单元格开始制作条件区域，如图 4-30 所示。注意使用英文输入状态下的大于号。

	A	B	C	D	E	F	G	H
10	2022122049	陶欣	女	法学	79	85	72	236
11	2022122046	谢清青	男	法学	68	84	80	232
12	2022109048	张俊泽	男	美术学	92	75	84	251
13	2022122053	赵乐	男	法学	59	90	81	230
14	2022122059	朱良进	女	法学	83	82	73	238
15								
16	数学	总分						
17	>80							
18		>240						
19								
20								

图 4-30　高级筛选条件区域

（2）鼠标定位在原始数据区域，单击“数据”选项卡→“排序和筛选”组→“高级”按钮。在“高级筛选”对话框中设置：勾选“将筛选结果复制到其他位置”；列表区域会自动框选；条件区域：用鼠标选择 A16：B18 区域；复制到：用鼠标单击 A20 单元格。单击“确定”按钮，筛选结果如图 4-31 所示。

16	数学	总分						
17	>80							
18		>240						
19								
20	学号	姓名	性别	专业	数学	英语	语文	总分
21	2022155055	陈绍琪	女	英语	81	86	76	243
22	2022155050	崔鸣明	男	英语	93	79	84	256
23	2022109045	林云慧	女	美术学	77	90	81	248
24	2022109051	潘南希	女	美术学	83	66	85	234
25	2022109048	张俊泽	男	美术学	92	75	84	251
26	2022122059	朱良进	女	法学	83	82	73	238
27								
28								
29								
30								

成绩表分类汇总　成绩表高级筛选　成绩表数据分析

图 4-31　高级筛选数据结果

【任务 4】按照性别和专业汇总对总分求平均值

（1）选择“成绩表数据分析”工作表，当前单元格定位在数据区域。单击“插入”选项卡→“表格”组→“数据透视表”按钮，“创建数据透视表”对话框，如图 4-32 所示。

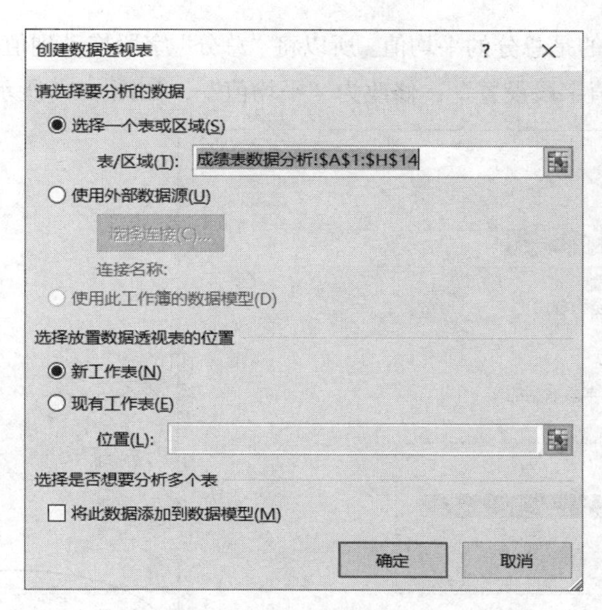

图 4-32　插入数据透视表

（2）将自动创建的新工作表名称改为“数据透视表”，设置数据透视表字段。鼠标拖动“性别”字段至行标签，将“专业”字段拖至列标签，如图 4-33 所示。

图 4-33　分类字段作为行、列标签

（3）要求汇总的是总分的平均值。所以将“总分”字段拖动到值标签，单击“总分”下拉菜单，选择“值字段设置”，修改为“平均值”，如图 4-34 所示。

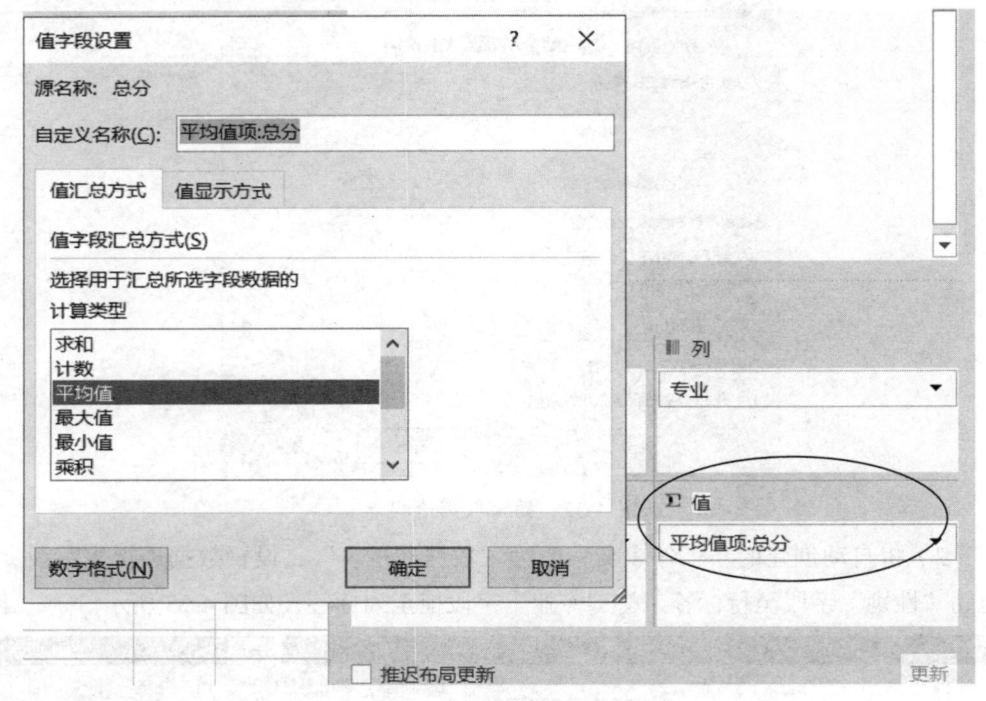

图 4-34　值字段设置

（4）单击“确定”按钮。设置数值部分保留 1 位小数，最终数据透视表结果如图 4-35 所示。

平均值项:总分	列标签			
行标签	法学	美术学	英语	总计
男	231.0	251.0	246.0	241.0
女	234.0	232.7	241.0	235.3
总计	232.8	237.3	243.5	237.5

图 4-35　完成后的数据透视表

【任务 5】制作学生成绩分析图表

（1）在“成绩表数据分析”工作表中，按住 Ctrl 键选中 B1：B14 和 E1：G14 区域，作为图表的源数据，如图 4-36 所示。

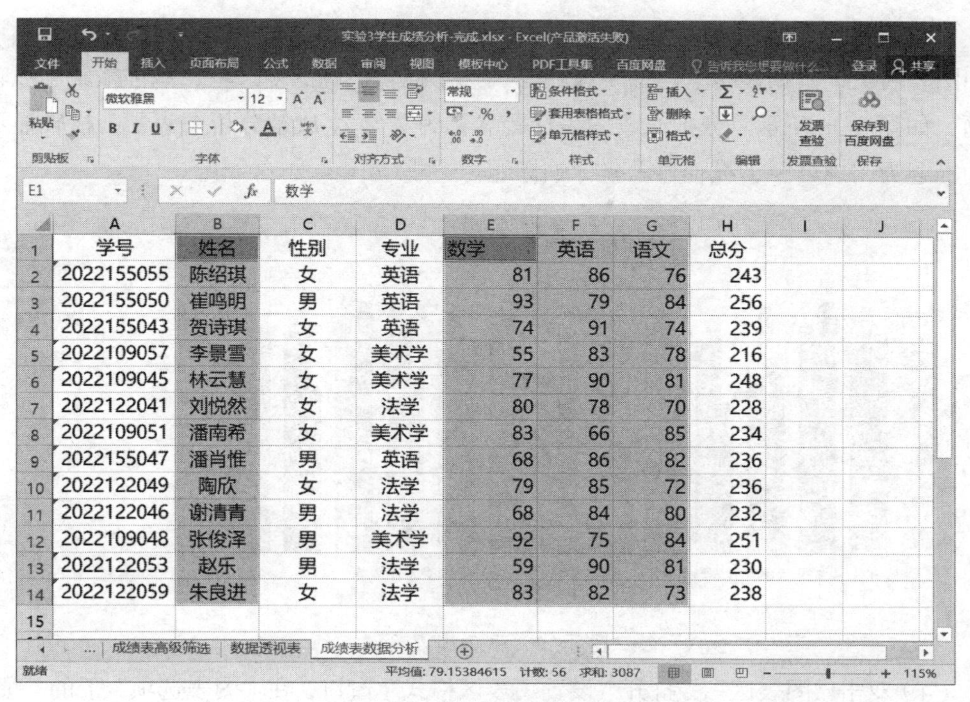

	A	B	C	D	E	F	G	H
1	学号	姓名	性别	专业	数学	英语	语文	总分
2	2022155055	陈绍琪	女	英语	81	86	76	243
3	2022155050	崔鸣明	男	英语	93	79	84	256
4	2022155043	贺诗琪	女	英语	74	91	74	239
5	2022109057	李景雪	女	美术学	55	83	78	216
6	2022109045	林云慧	女	美术学	77	90	81	248
7	2022122041	刘悦然	女	法学	80	78	70	228
8	2022109051	潘南希	女	美术学	83	66	85	234
9	2022155047	潘肖惟	男	英语	68	86	82	236
10	2022122049	陶欣	女	法学	79	85	72	236
11	2022122046	谢清青	男	法学	68	84	80	232
12	2022109048	张俊泽	男	美术学	92	75	84	251
13	2022122053	赵乐	男	法学	59	90	81	230
14	2022122059	朱良进	女	法学	83	82	73	238

图 4-36　选择图表源数据

（2）单击“插入”选项卡→“图表”组→“柱形图”按钮→“三维簇状柱形图”，如图 4-37 所示。

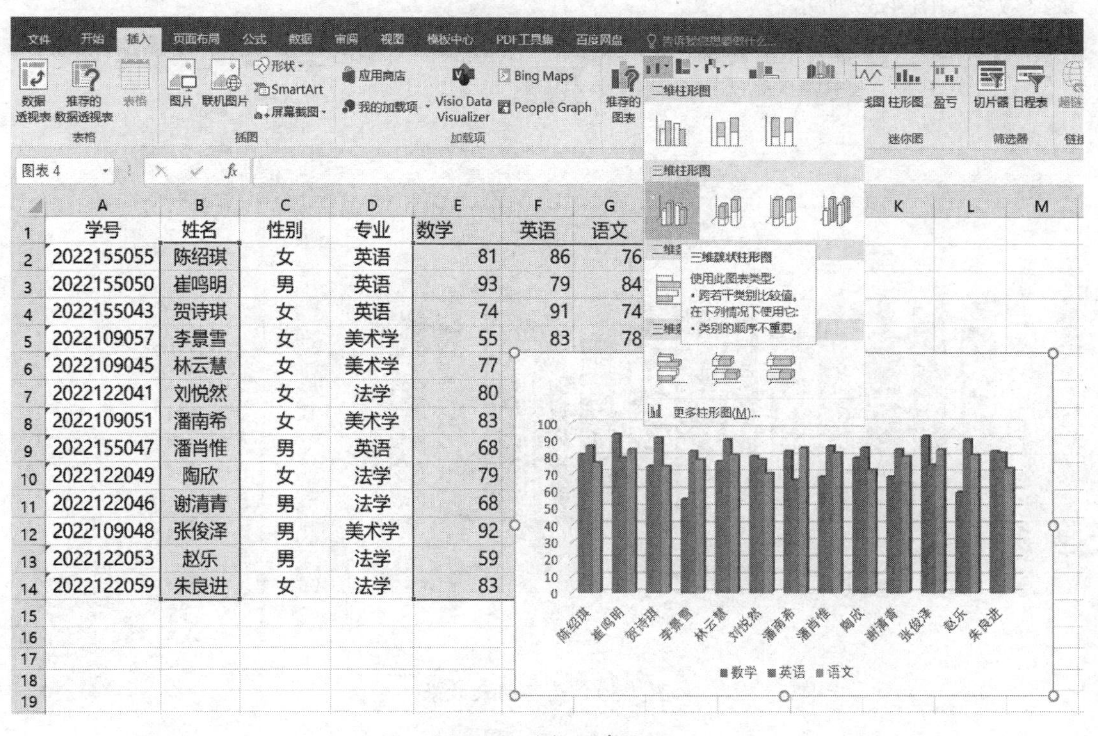

图 4-37　选择图表类型

（3）将生成的图表拖动至下方空白区域，拖动四角的控制点将图表大小缩放合适。选中图表后，单击图表右上角的＋按钮，勾选坐标轴标题的复选框，添加横轴和纵轴的标题，如图 4-38 所示。分别修改图表标题名称为“学生成绩分析图表”，横轴显示坐标轴标题为“姓名”，纵轴显示坐标轴标题为“成绩”。

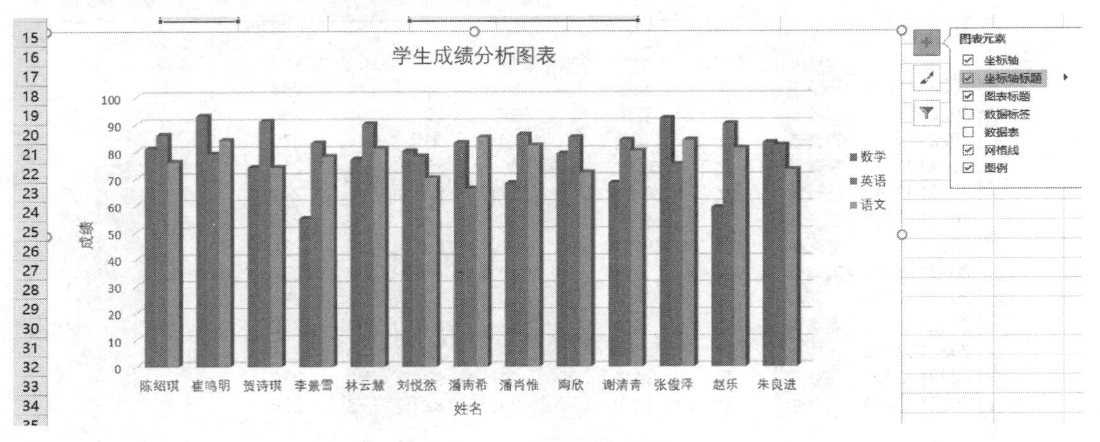

图 4-38　添加图表元素

（4）双击“图表区”，打开“设置图表区格式”窗口，在“图表选项”下的“填充”选项里，选择“渐变填充”，默认为浅色渐变。

（5）鼠标单击数学系列，所有数学系列被选择，在右键菜单中选择“添加数据标签”，最终效果如图 4-39 所示。

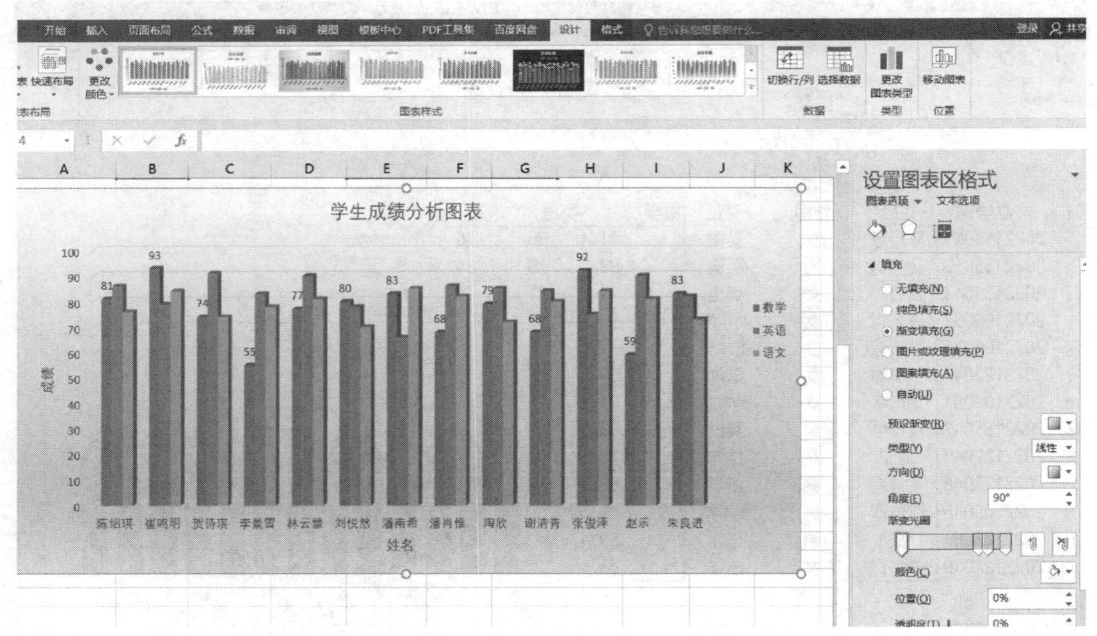

图 4-39　最终图表效果

第5章　演示文稿制作软件 PowerPoint

实验一　创建与编辑演示文稿

一、实验目的

1. 熟练掌握创建演示文稿及添加幻灯片的操作。

2. 掌握幻灯片设计、背景及版式的操作。

3. 掌握演示文稿中文本框和 SmartArt 的编辑。

二、实验任务

【任务 1】新建演示文稿，保存为“山水画介绍 .pptx”

【任务 2】设置幻灯片背景，添加不同版式的幻灯片

【任务 3】文本框转换为 SmartArt 对象

三、实验内容

中国山水画简称“山水画”，是以山川自然景观为主要描写对象的中国画。现需利用演示文稿向观众介绍“山水画”。根据素材“山水画素材 .docx”及相关图片，完成下列实验内容。

【任务 1】新建演示文稿，保存为“山水画介绍 .pptx”

打开 PowerPoint 2016 软件，选择“空白演示文稿”，选择“文件”选项卡→“保存”选项，打开“另存为”对话框，输入文件名后单击“保存”按钮，如图 5-1 所示。

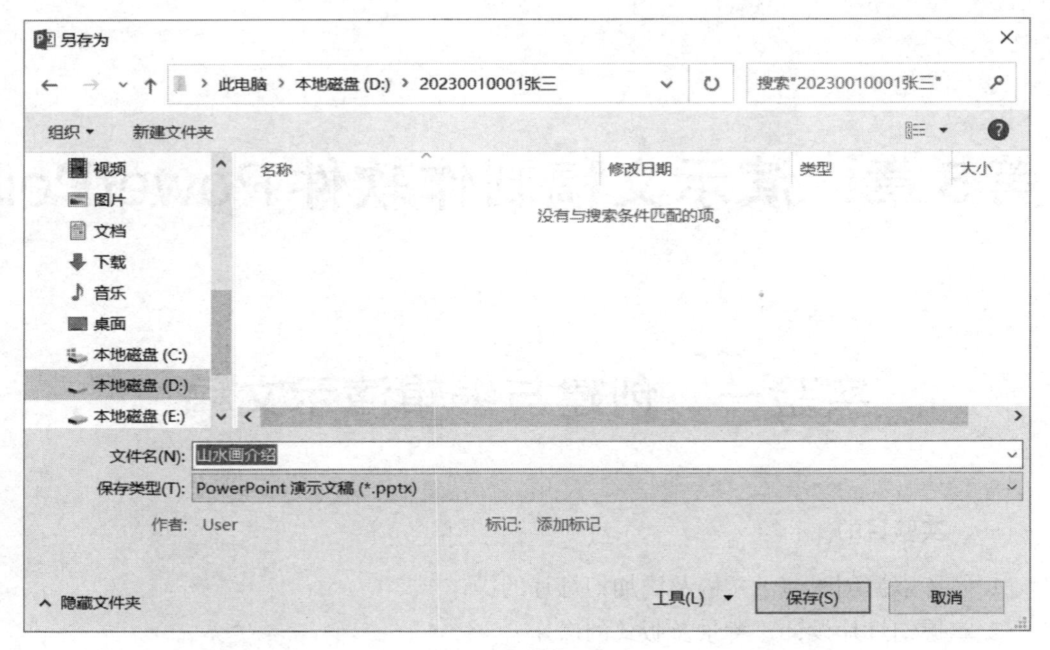

图 5-1　保存演示文稿

【任务 2】设置幻灯片背景，添加不同版式的幻灯片

1. 设置幻灯片背景图片

单击“设计”选项卡→“自定义”组→“设置背景格式”按钮，在右侧打开的“设置背景格式”窗格中，选择“图片或纹理填充”，单击“文件”按钮，设置背景图片为素材文件夹中“背景.jpg”，如图 5-2 所示。

图 5-2　设置背景图片

2. 在第 1 页添加标题“中国山水画”

第 1 页幻灯片默认为标题版式，单击标题文本框输入文字，选中文本框，设置字体为“华文隶书”，大小为“80 磅”，如图 5-3 所示。

图 5-3　标题幻灯片

3. 第 2 页幻灯片采用“两栏内容”版式，添加图片和文字

单击“开始”选项卡→“幻灯片”组→“新建幻灯片”按钮，选择“两栏内容”版式，如图 5-4 所示。

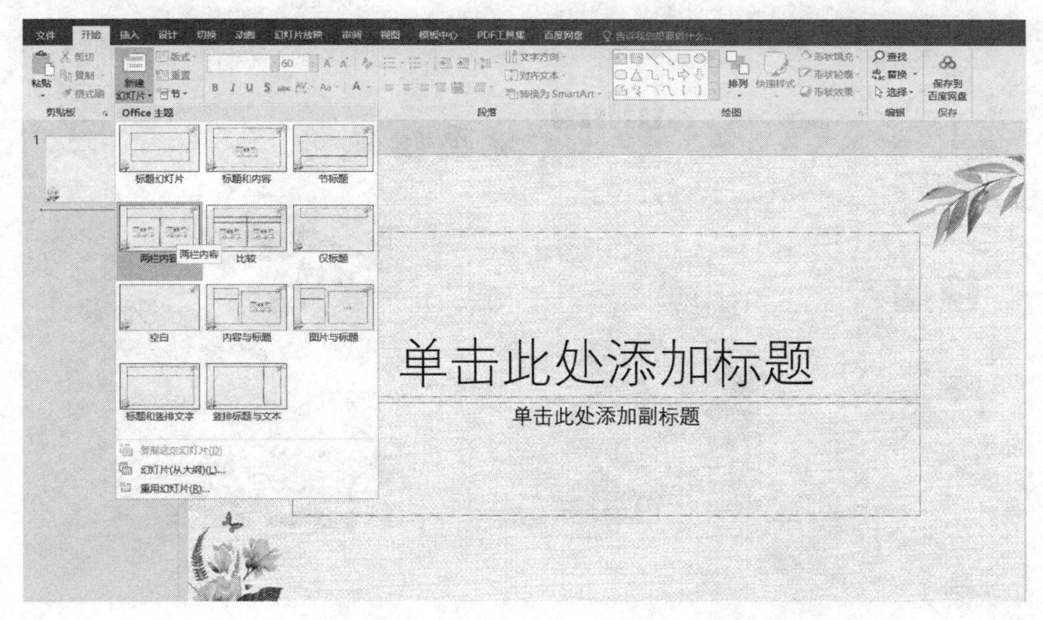

图 5-4　新建“两栏内容”幻灯片

将 Word 素材中第 2 页的幻灯片文字复制到左侧栏中，字号为“28 号”，字体为“华文行楷”，行距为“1.5 倍”。单击右侧栏内“图片”按钮插入图片“第 2 页图片 .jpg”。调整左侧文本框和右侧图片的大小、位置，第 2 页的最终效果如图 5-5 所示。

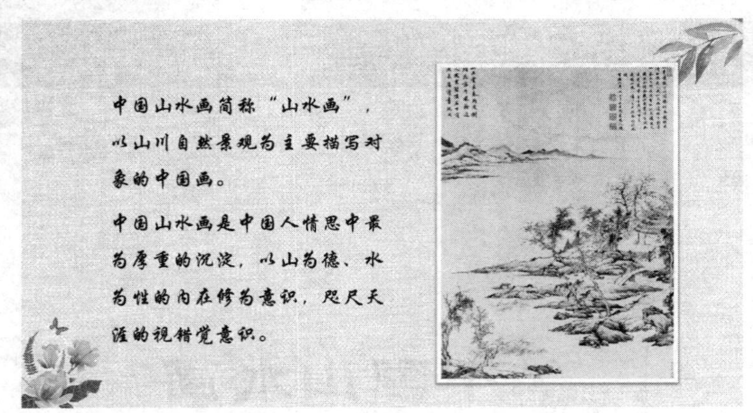

图 5-5　两栏版式幻灯片

4. 添加第 3 页和第 4 页幻灯片

插入第 3 页幻灯片，标题为“传统画法风格”，文字格式为“华文行楷、54 号、居中对齐”；依次单击左右两栏内的图片按钮插入山水画图片，设置左右图片的边框。第 4 页幻灯片参照以上步骤完成。

在使用的 PowerPoint 2016 版本中，标题文字颜色可利用取色器吸取幻灯内对象的颜色进行设置，达到相互呼应的和谐之美。取色器使用如图 5-6 所示。

图 5-6　利用取色器设置颜色

【任务 3】文本框转换为 SmartArt 对象

（1）新建第 5 页幻灯片，版式为“标题和内容版式”。标题与上一页相同，内容中输入文字“青绿山水、金碧山水、水墨山水、浅绛山水”（注：顿号去掉，分段排列）。

（2）选中内容文本框，单击“绘图工具—格式”选项卡→“段落”功能组→“转换为 SmartArt 对象”按钮→“其他 SmartArt 图形”，在打开的对话框中选择“图片题注列表”，如图 5-7 所示。

图 5-7　文本框转换为 SmartArt 图形

（3）转换为 SmartArt 图形后，依次单击图形中的图片按钮插入图片。选中整个图形，统一设置文字的大小为“18 号”，字体为“华文行楷”，艺术字样式自定。参考效果如图 5-8 所示。

图 5-8　SmartArt 图形设置完成后的效果

（4）新建第6页幻灯片，版式为“标题和内容版式”。标题为“结语”，字体格式为“隶书、66号、居中对齐”。内容文本框中的文字可从Word素材中复制，格式设置为“华文行楷、28号、两倍行距”。

“山水画介绍”演示文稿的最终效果如图5-9所示。

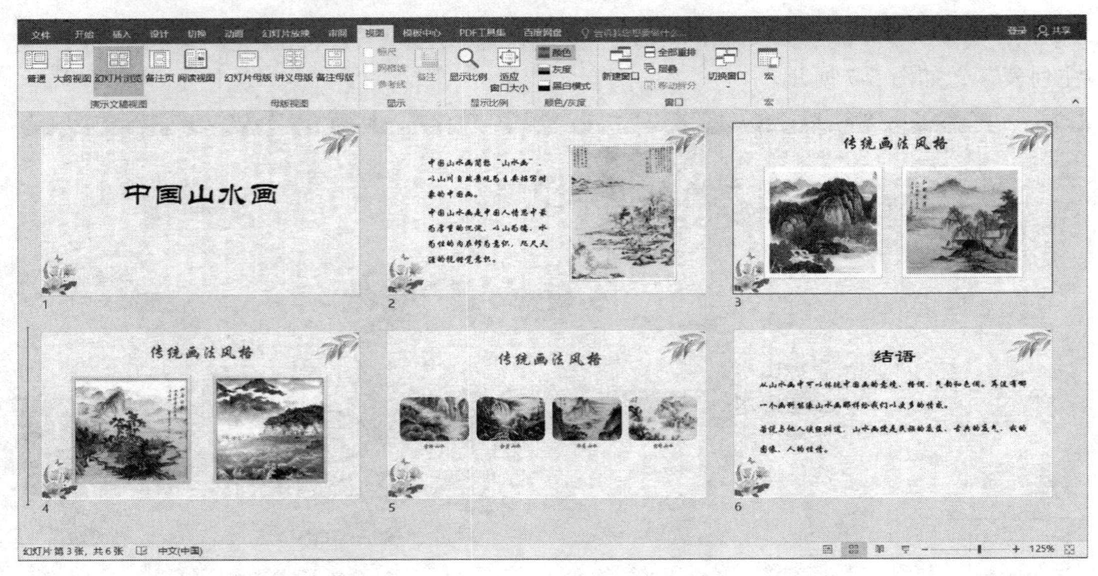

图5-9　文档最终效果

实验二　设置演示文稿的动画和切换效果

一、实验目的

1. 掌握添加幻灯片背景音乐的操作。
2. 掌握幻灯片切换的设置。
3. 掌握幻灯片中对象动画的添加。

二、实验任务

【任务1】为“山水画介绍.pptx”添加背景音乐

【任务2】为幻灯片添加不同的切换效果

【任务3】为幻灯片中的对象添加多种动画效果

三、操作步骤

【任务 1】为“山水画介绍 .pptx”添加背景音乐

打开已完成的演示文稿“山水画介绍 .pptx”，定位到第 1 张幻灯片，单击“插入”选项卡→“媒体”功能组→“音频”按钮→“PC 上的音频”，选择素材“背景音乐 .mp3”。在“音频工具—播放”选项卡中，先设置淡入、淡出 1 秒，再单击“在后台播放”按钮，将音频文件设置为背景音乐，如图 5-10 所示。

图 5-10　背景音乐设置

【任务 2】为幻灯片添加不同的切换效果

（1）选定第 1 页幻灯片，打开“切换”选项卡，选择“切换到此幻灯片”功能组→“华丽型”→“页面卷曲”效果，效果选项为“双左”，单击“全部应用”按钮，现在所有的幻灯片都设置了此种切换效果。设置界面如图 5-11 所示。

（2）为首页设置不同效果，仍然选中第 1 页幻灯片，切换效果选择“华丽型”→“涟漪”，只对第 1 页设置应用此效果。可按 F5 快捷键从头开始放映，放映幻灯片观察所有幻灯片的切换效果。

图 5-11　幻灯片切换设置

【任务 3】为幻灯片中的对象添加多种动画效果

（1）选择“动画”选项卡，单击“高级动画”组→“动画窗格”按钮，右侧会打开详细的动画窗格，如图 5-12 所示。

图 5-12　打开“动画窗格”

（2）选中第 1 页的“中国山水画”标题文本框，单击“动画”选项卡→“高级动画组”→“添加动画”按钮→“进入”→“缩放”动画。设置动画开始方式为“与上一动画同时”，持续时间为“00.75”秒，如图 5-13 所示。

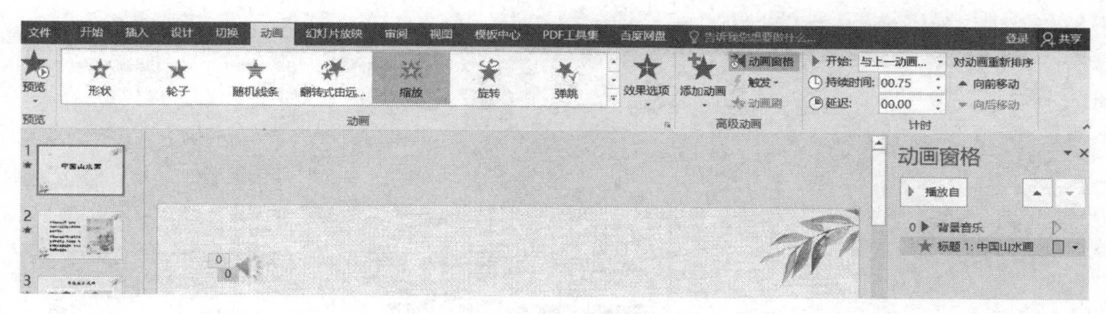

图 5-13　为标题添加动画

（3）选中第 2 页幻灯片中的左侧文本框，单击“动画”选项卡→“高级动画”组→“添加动画”按钮→“进入”→“浮入”动画，设置“效果选项”为上浮、按段落，设置动画开始方式为“与上一动画同时”，每个段落的动画持续时间为“01.50”秒，如图 5-14 所示。

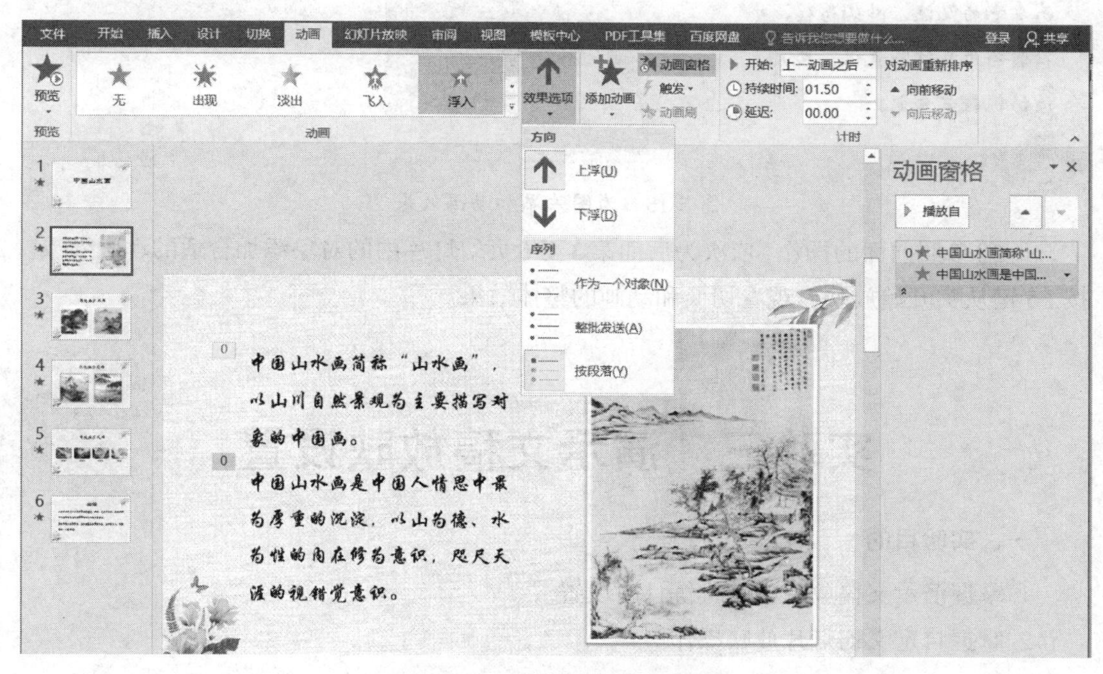

图 5-14　为文本框添加动画效果

（4）选中第 2 页幻灯片中的右侧图片，单击“添加动画”按钮→“进入”→“形状”动画，设置“效果选项”为“切出、形状为圆”，设置动画开始方式为“上一动画之后”，持续时间为“02.00”秒。然后选中图片再添加强调动画效果，单击“添加动画”按钮→“强调”→“放大 / 缩小”动画，设置“效果选项”中的方向为“两者”，数量为“较大”，设置动画开始方式为“单击鼠标”，持续时间为“02.00” 秒，如图 5-15 所示。

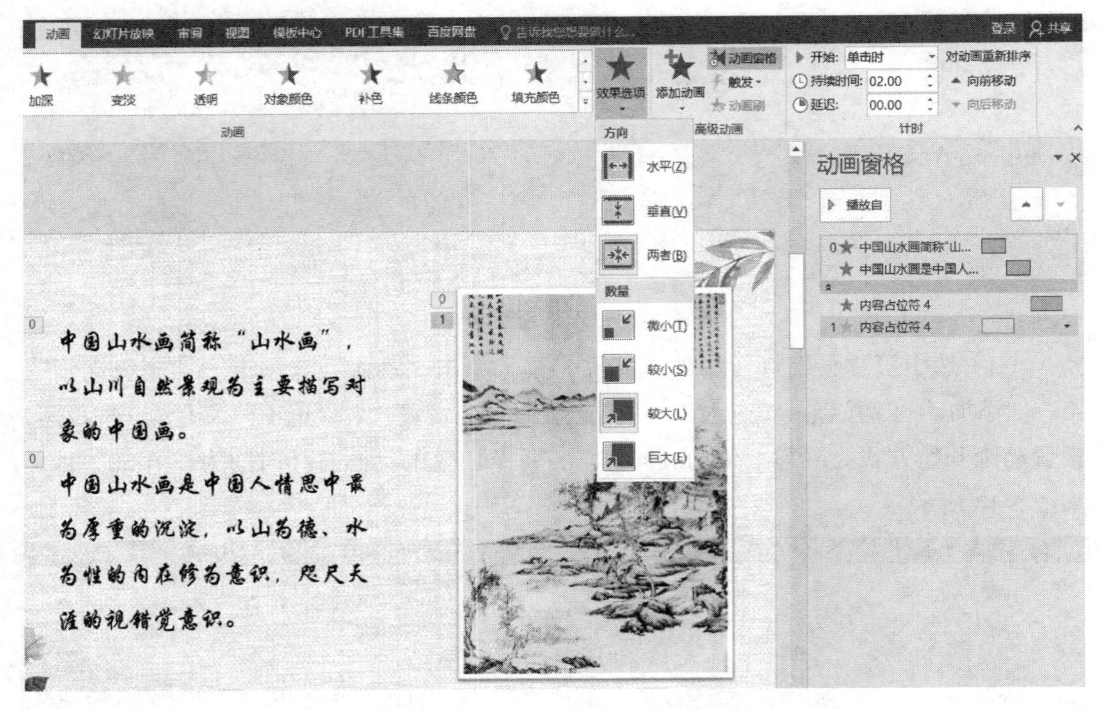

图 5-15　为图片添加动画效果

（5）参照前面的操作，依次为后面第 3 至 6 页幻灯片内的对象添加合适的动画效果。按 F5 键从头开始放映，观看切换和动画的整体效果。

实验三　演示文稿放映设置

一、实验目的

1. 掌握演示文稿放映中的排练计时设置。
2. 掌握自定义幻灯片放映操作。

二、实验任务

【任务 1】为幻灯片设置排练计时

【任务 2】创建两种自定义幻灯片放映

三、实验内容

【任务 1】为幻灯片设置排练计时

（1）打开演示文稿“实验三 _ 节能减排 .pptx”，单击“幻灯片放映”选项卡→“设置”组→“排练计时”按钮，进入幻灯片放映并计时的状态。屏幕左上角的录制小窗口中，第 1 个时间为当前页幻灯片放映的时间，第 2 个时间记录了总放映时长，如图 5-16 所示。

图 5-16　排练计时放映录制

（2）使用鼠标或键盘控制放映完所有幻灯片，可以按 Esc 键终止放映，弹出保留计时确认对话框，如图 5-17 所示。单击“是”按钮，创建排练计时成功。

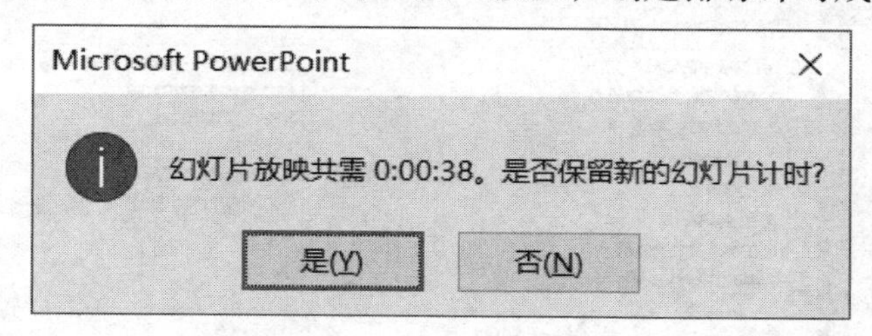

图 5-17　排练计时对话框

单击“视图”选项卡→“演示文稿视图”组→“幻灯片浏览”按钮，可以检查当前排练计时的每页幻灯片放映时间，如图 5-18 所示。

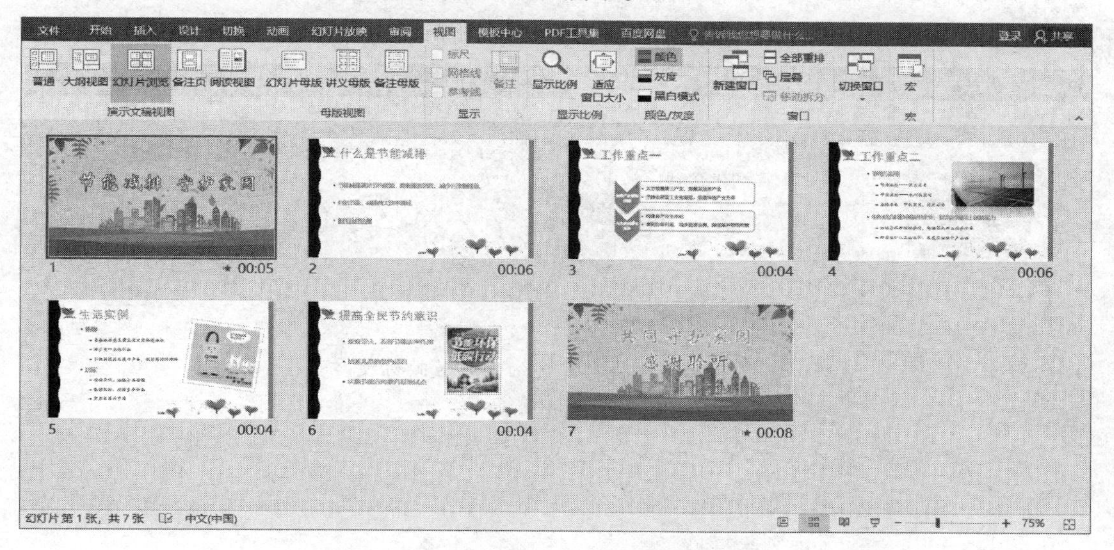

图 5-18　设置排练计时后幻灯片放映时间

【任务 2】创建两种自定义幻灯片放映

（1）打开演示文稿“实验三 _ 节能减排 .pptx”，单击“幻灯片放映”选项卡“开始放映幻灯片”组→“自定义幻灯片放映”按钮，打开“自定义放映”对话框。设置幻灯片放映名称为“社区宣传方案”，选择第 1、2、5、6、7 张幻灯片进行添加，如图 5-19 所示。

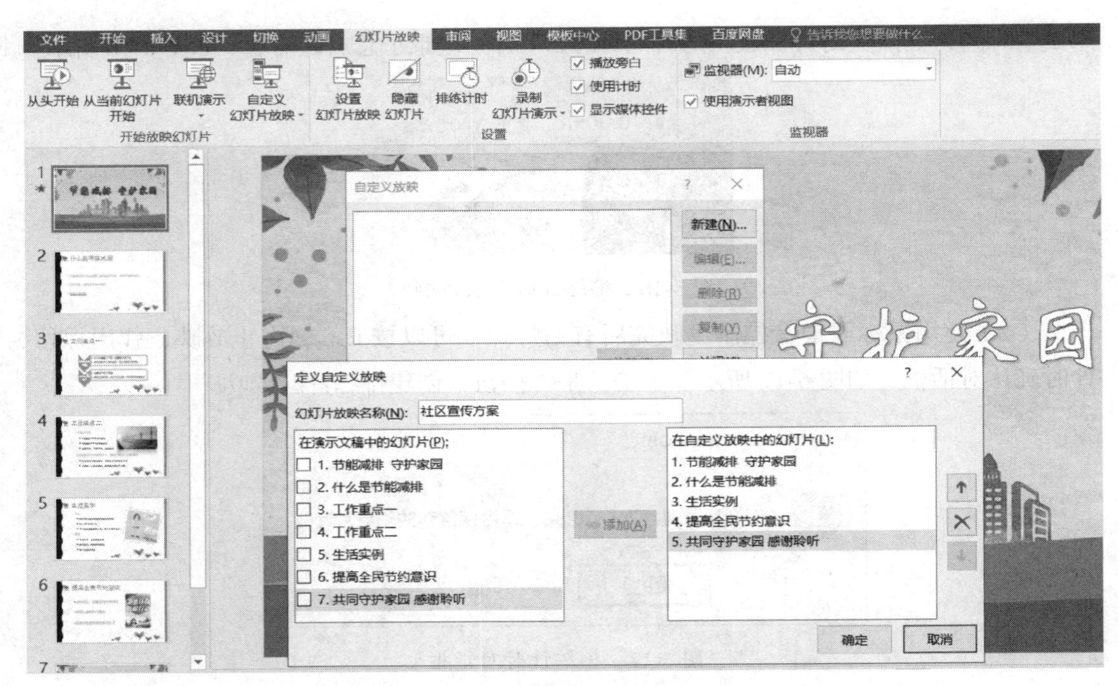

图 5-19　设置自定义幻灯片放映

（2）在选择自定义幻灯片放映选项时，会显示已经定义好的放映方案，如图 5-20 所示。单击“社区宣传方案”检查是否只放映方案中的幻灯片。

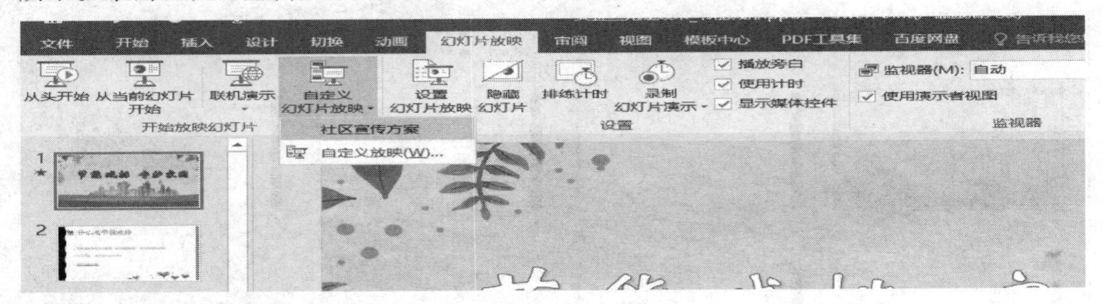

图 5-20　放映自定义幻灯片放映方案

第 6 章　计算机网络基础

实验一　无线网络连接与设置

一、实验目的

1. 掌握无线路由器的配置。

2. 掌握终端设备无线上网方式。

二、实验任务

【任务 1】无线路由器上网设置

【任务 2】计算机设置为无线网络热点

三、操作步骤

【任务 1】无线路由器上网设置

（1）路由器接通电源，插上网线，进线插在 WAN 口（一般是蓝色口），计算机连接的网线插入任意一个 LAN 口，如图 6-1 所示。

图 6-1　路由器接口

（2）连接好无线路由器后，在浏览器输入在路由器背面看到的地址，通常为192.168.×.×。

（3）进入后会看到登录界面，要求输入相应的账号和密码，通常账号和密码为admin，如图6-2所示。

图 6-2　输入相应的账号和密码

（4）确定后进入操作界面，在左边看到一个设置向导，单击进入（一般都是自动弹出来的），如图6-3所示。

图 6-3　选择设置向导

（5）单击“下一步”，进入上网方式设置，如图6-4所示。我们可以看到有三种上网方式可供选择。如果是拨号上网那么就用PPPoE；动态IP一般直接插上网络就可以使用，上层有DHCP服务器；静态IP一般是专线上网，也可能是小区带宽等，上层没有DHCP服务器，会有固定IP地址。

图 6-4 进入上网方式设置

（6）选择 PPPoE 拨号上网后填入上网账号和密码，如图 6-5 所示。

（7）进入无线设置，分别填入信道、模式、安全选项、SSID 等，一般 SSID 就是一个名字，此处可以任意取名；然后选择 11bgn 模式；无线安全选项要选择 WPA PSK/WPA2 PSK。

图 6-5 输入账号和密码

（8）单击“完成”，路由器会自动重启，成功后出现的界面如图 6-6 所示。

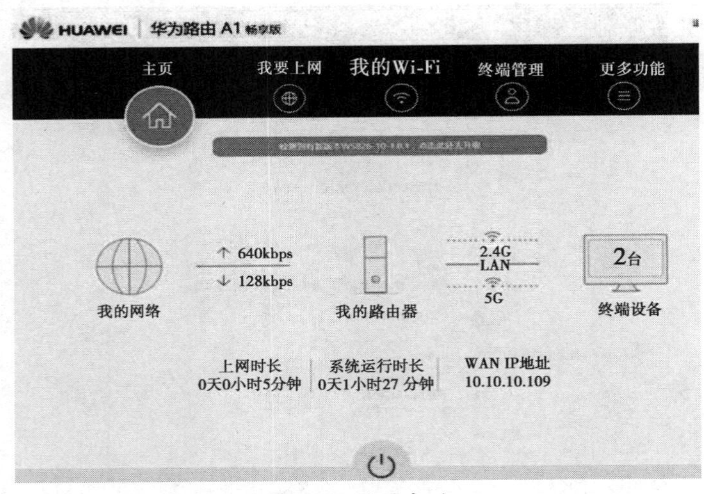

图 6-6　设置成功

【任务 2】计算机设置为无线网络热点

（1）计算机连接无线网络，确保计算机的无线网卡可以正常使用。

（2）打开计算机的控制面板，找到“网络和共享中心”选项并打开，如图 6-7 所示。

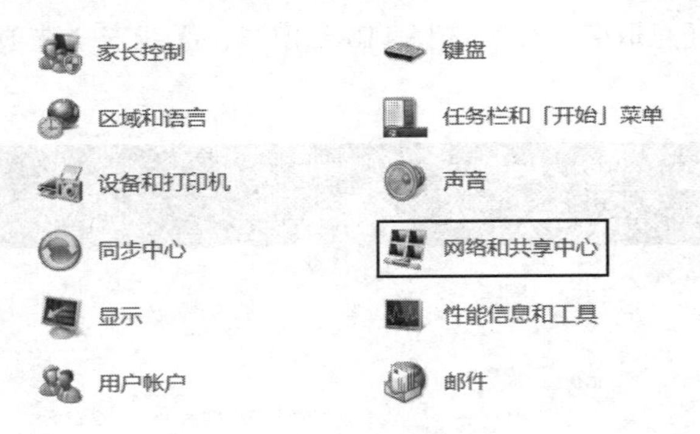

图 6-7　控制面板

（3）如果是重新设定一个网络连接，就选第一个选项“否，创建新连接（C）”，如图 6-8 所示，然后单击“下一步”。

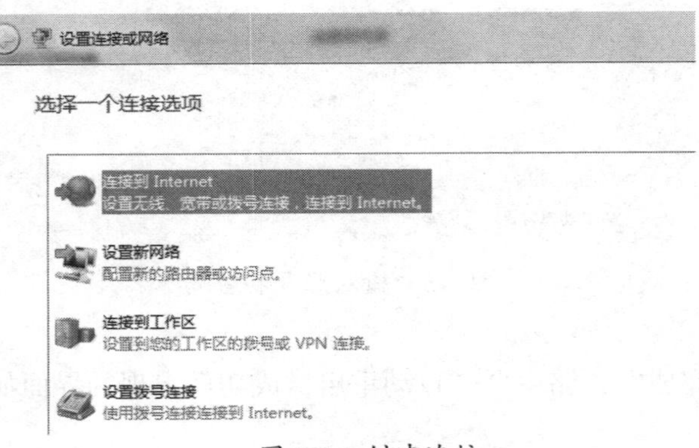

图 6-8　创建连接

（4）在选择连接方式页面中，如果有无线网络，就会在下面的列表中显示出一个无线连接的选项，如图 6-9 所示，用鼠标单击这个选项，然后单击“确定”。

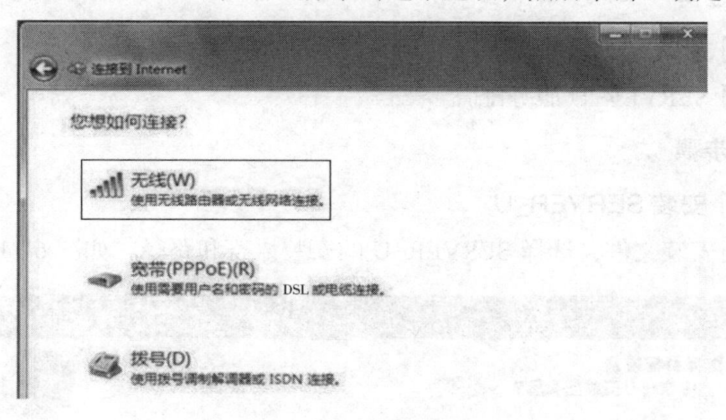

图 6-9　无线网连接

（5）单击“确定”之后，回到系统托盘处，在任务栏右下角找到网络连接的图标，单击选择“连接”，单击之后将出现如图 6-10 所示的界面，输入网络名和安全密钥，单击“确定”即可。

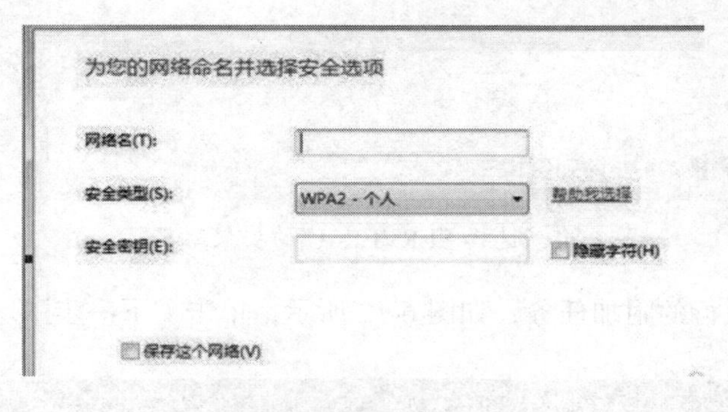

图 6-10　输入网络名和安全密钥

（6）此时，无线网络连接就设置好了，就可以用无线网络上网了。

手机连接无线网络：打开 WLAN，搜索到网络 ID，输入正确密码即可连接上网。

实验二　FTP 服务器的架设（SERVER_U）

一、实验目的

1. 掌握 SERVER_U 的安装过程。

2. 掌握 SERVER_U 的配置方法。

二、实验任务

【任务 1】安装 SERVER_U

【任务 2】SERVER_U 服务配置

三、操作步骤

【任务 1】安装 SERVER_U

（1）双击安装文件，选择 SERVER_U 的安装语言和路径，如图 6-11 所示。

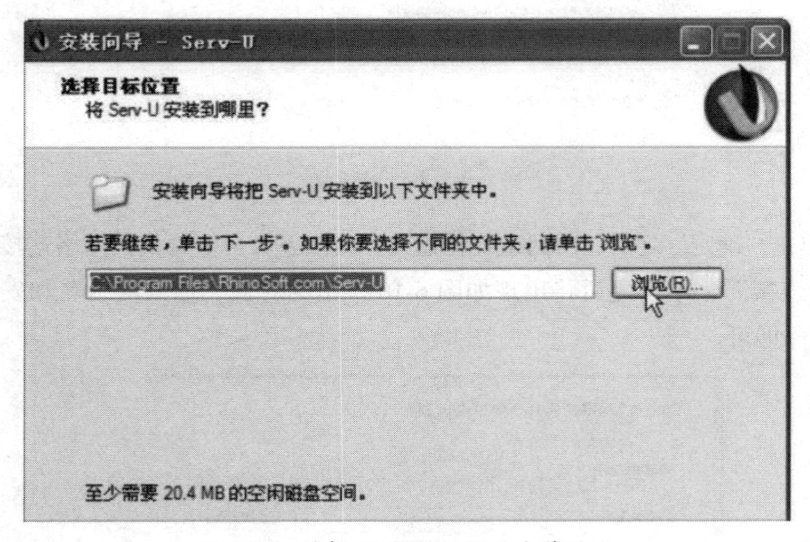

图 6-11　选择 SERVER_U 的安装路径

（2）选择要执行的附加任务，如图 6-12 所示，单击“下一步”。

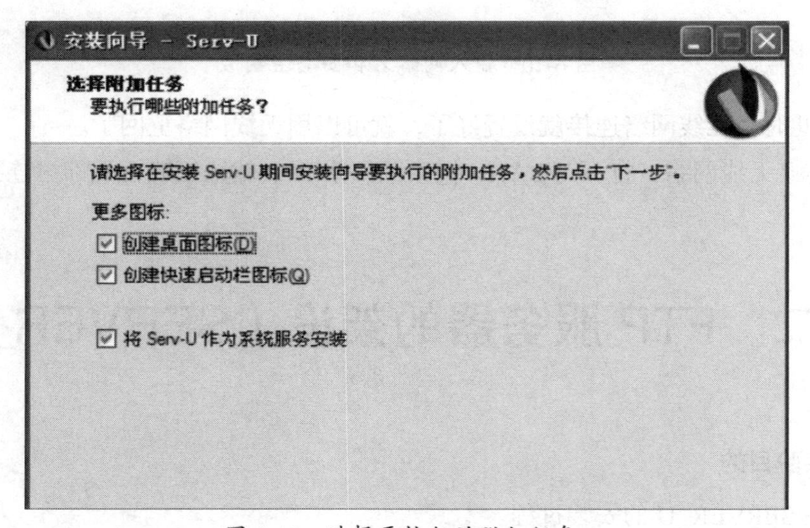

图 6-12　选择要执行的附加任务

（3）设置 SERVER_U 添加到 Windows 防火墙的例外列表中，如图 6-13 所示，单击“下一步”，完成安装。

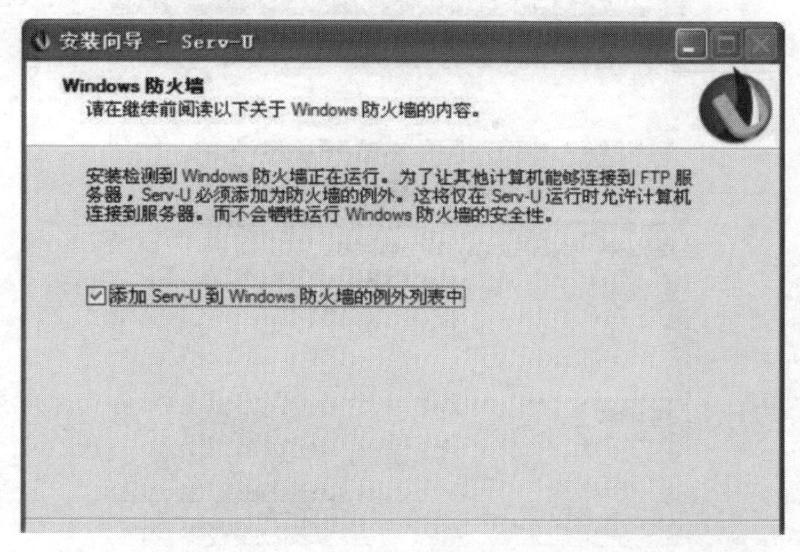

图 6-13　设置 SERVER_U 添加到 Windows 防火墙的例外列表中

【任务 2】SERVER_U 服务配置

（1）双击桌面图标，创建新域，如图 6-14 所示。

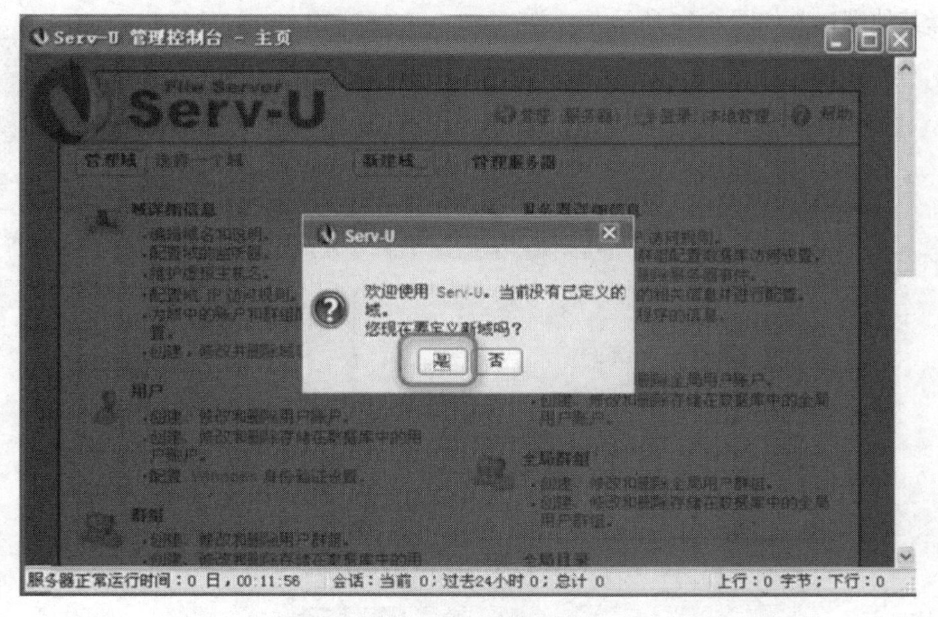

图 6-14　创建新域

（2）输入分配的 FTP 域名，勾选“启用域”，然后单击“下一步”，如图 6-15 所示。

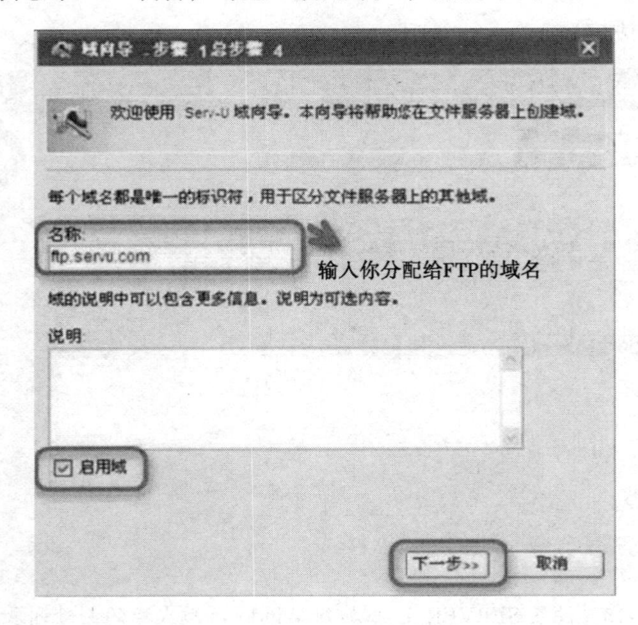

图 6-15 勾选“启用域”

（3）配置端口，选择“FTP 和 Explicit SSL/TLS 21”端口，如果有其他需要可以选择其他端口，如图 6-16 所示。

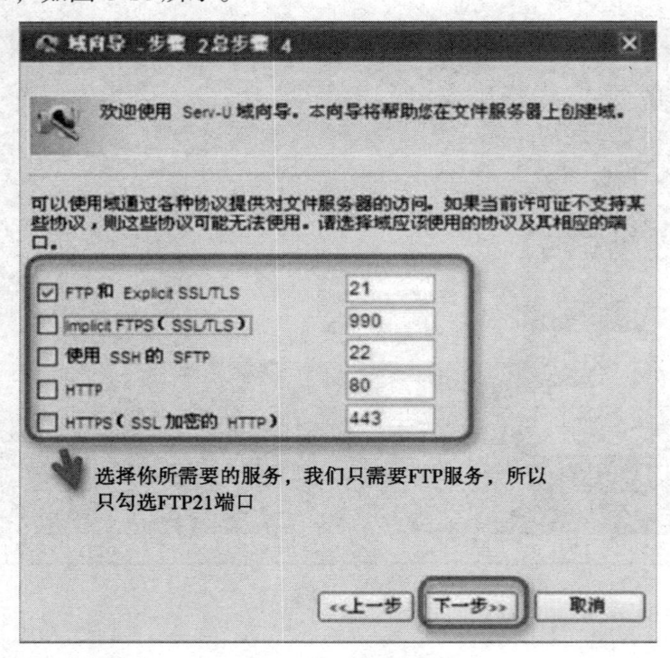

图 6-16 配置端口

（4）选择 IP 地址，如图 6-17 所示。如果是内网，选择默认 IP；如果是外网，则需要在防火墙或者路由器中映射 21 端口。

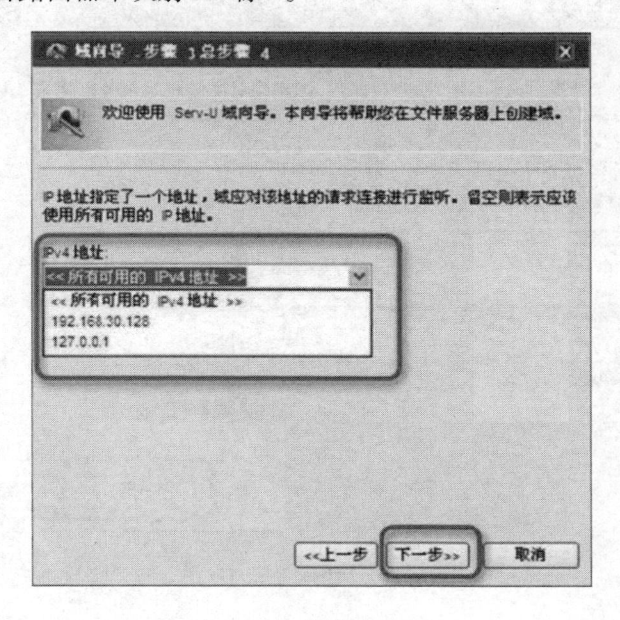

图 6-17　选择 IP 地址

（5）进入服务器安全设置，默认使用服务器设置，即单向加密。如果允许用户自己修改和恢复密码，勾选“允许用户恢复密码”，设置好后，单击“完成”，如图 6-18 所示。

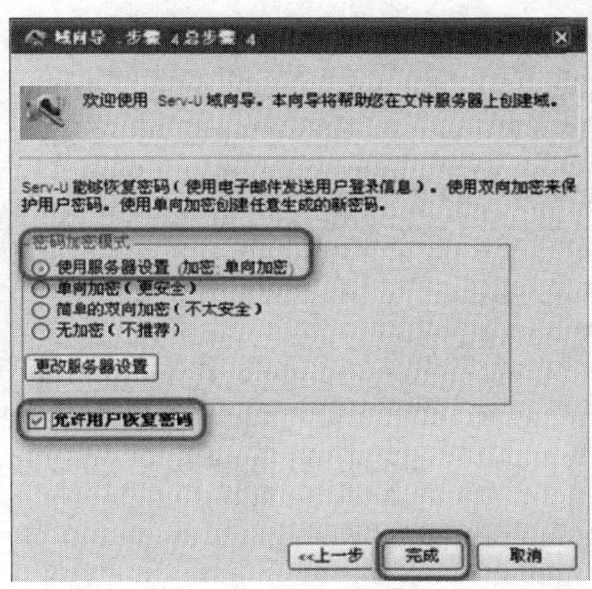

图 6-18　服务器安全设置

（6）创建账户：输入登录 ID（图 6-19）和账户密码（图 6-20）。

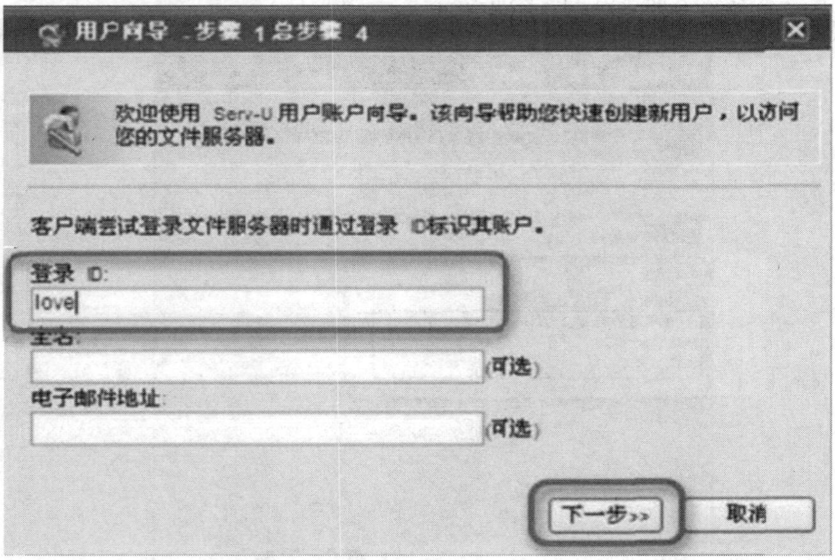

图 6-19　输入登录 ID

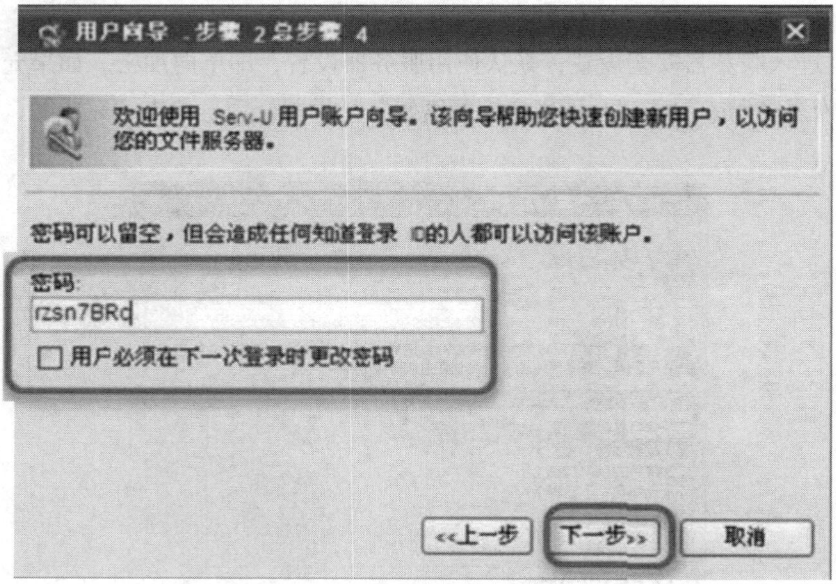

图 6-20　输入登录密码

（7）选择要建立用户用的根目录，单击“下一步”，如图 6-21 所示。

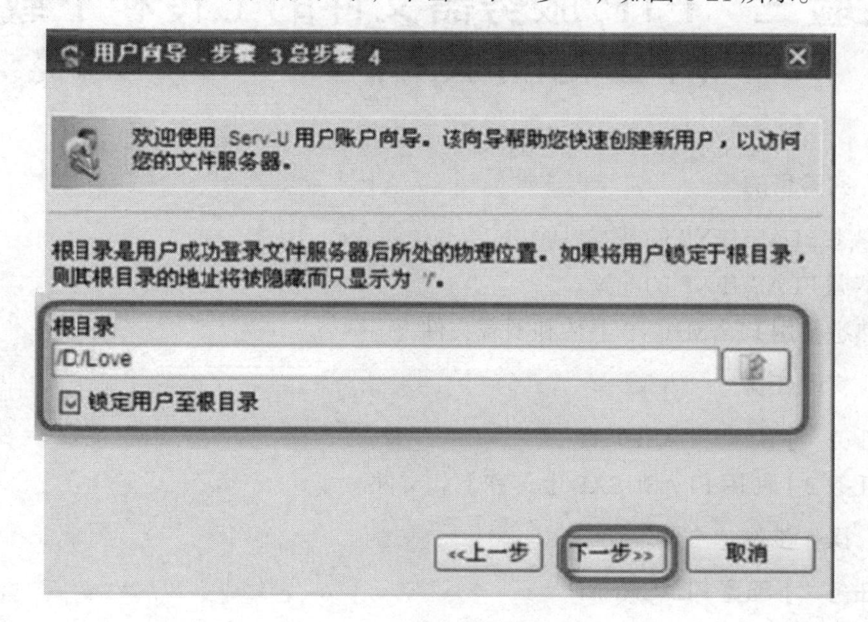

图 6-21 锁定用户至根目录

（8）设置访问权限，单击“完成”即可，如图 6-22 所示。

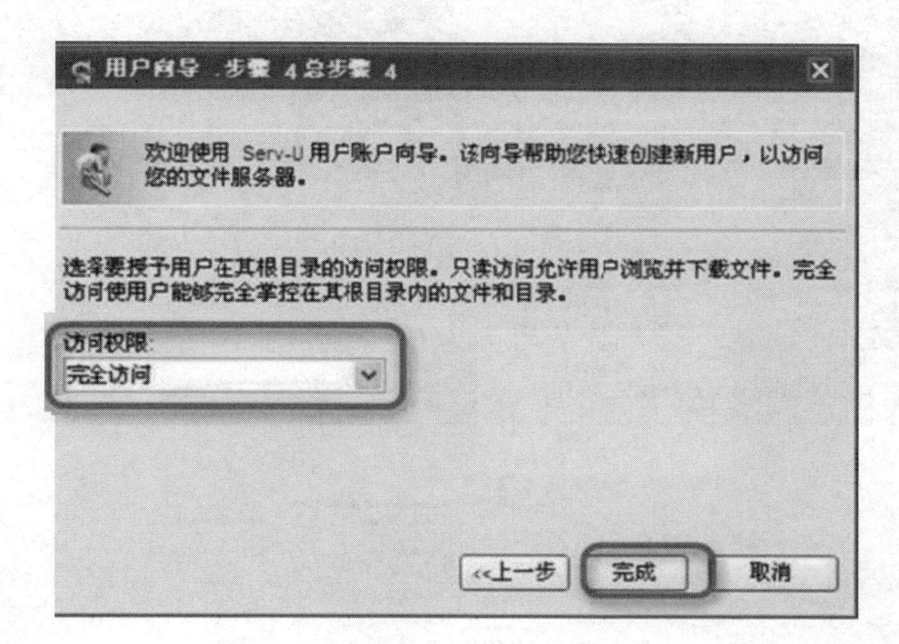

图 6-22 设置访问权限

实验三　FTP 服务器文件的上传和下载（FLASHFXP）

一、实验目的

1. 熟悉 FLASHFXP 的基本界面功能。
2. 掌握 FLASHFXP 的配置。
3. 熟悉使用 FLASHFXP 上传和下载文件。

二、实验任务

【任务 1】配置 FLASHFXP
【任务 2】使用 FLASHFXP 上传和下载文件

三、操作步骤

【任务 1】配置 FLASHFXP

（1）FLASHFXP 的基本界面如图 6-23 所示。

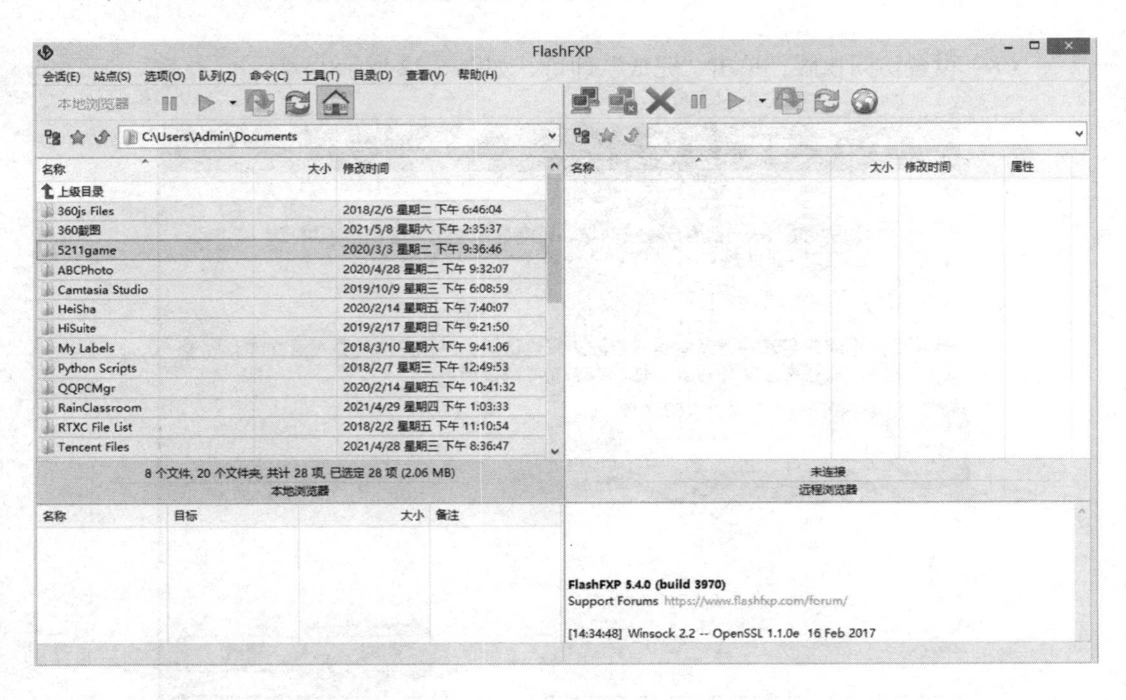

图 6-23　FLASHFXP 的基本界面

（2）切换本地 / 远程服务器，如图 6-24 所示。

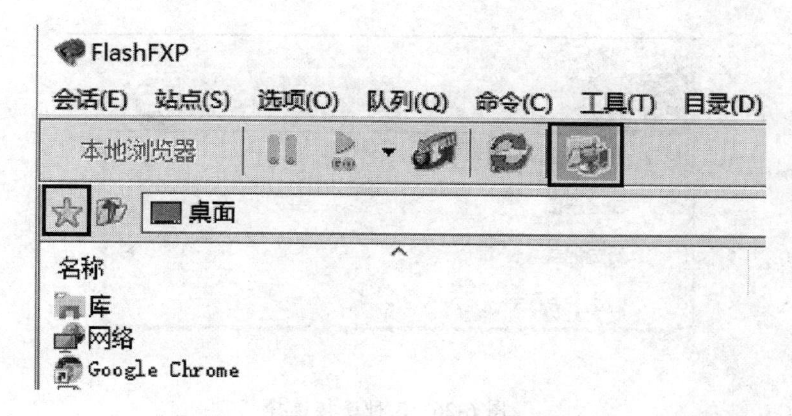

图 6-24　切换本地 / 远程服务器

（3）单击两个计算机图标，右下角没有 × 号的，可以创建连接；单击两个计算机图片，右下角有 × 号的，可以断开连接，只有连接时它才管用；单击 × 号，中止传输队列，单击两个竖条，暂停传输队列；单击三角右箭头，开始传输队列，如图 6-25 所示。

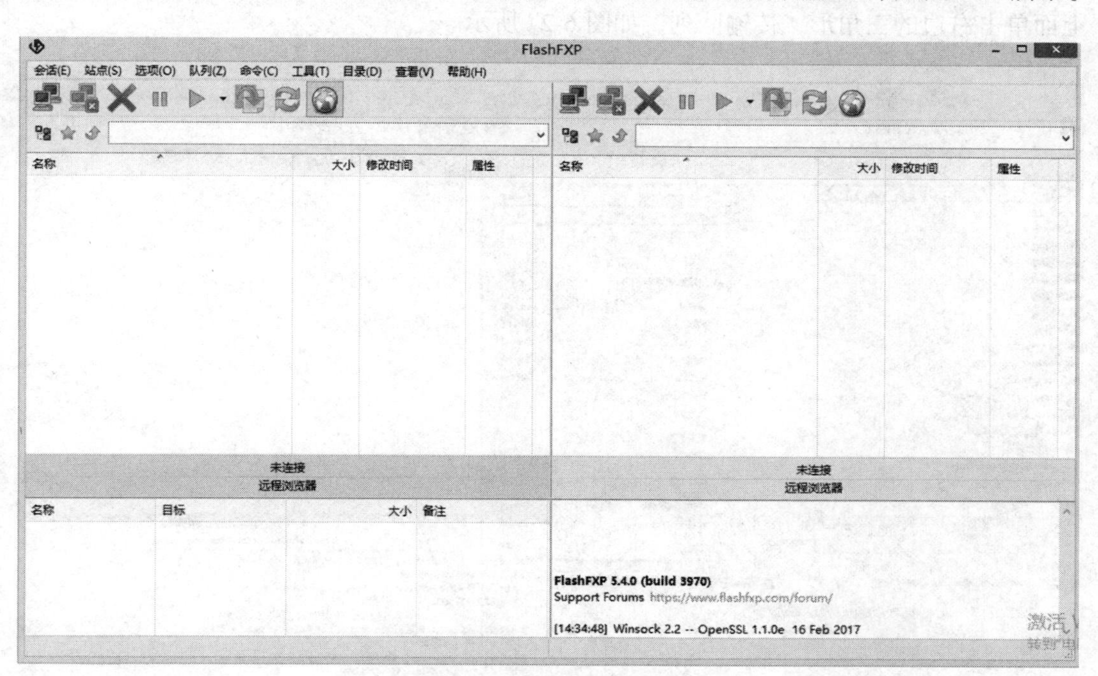

图 6-25　连接界面

（4）创建连接的多种选择：

①已经连接：会出现重新连接这一行；

②快速连接：快速创建新的 FTP 连接；

③历史记录：可看到之前连接过的所有 FTP 连接，如图 6-26 所示。

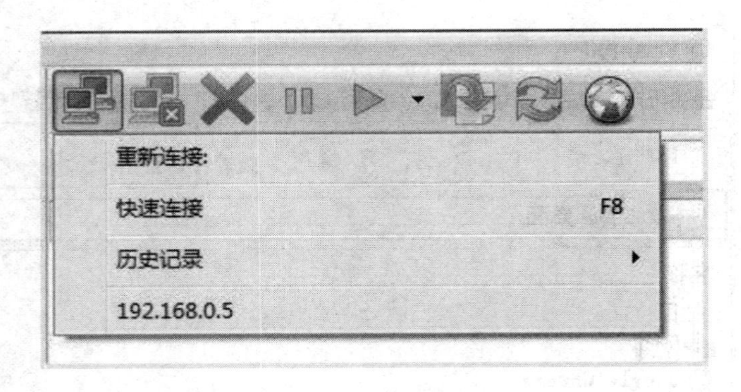

图 6-26　3 种连接选择

【任务 2】使用 FLASHFXP 上传和下载文件

（1）添加文件到队列：打开需要上传的文件所在的文件夹；右键单击需要上传的文件 / 文件夹，支持多选；单击“选定的队列”，就添加到队列了；在“远程浏览器”上面单击右边的三角形，传输队列，如图 6-27 所示。

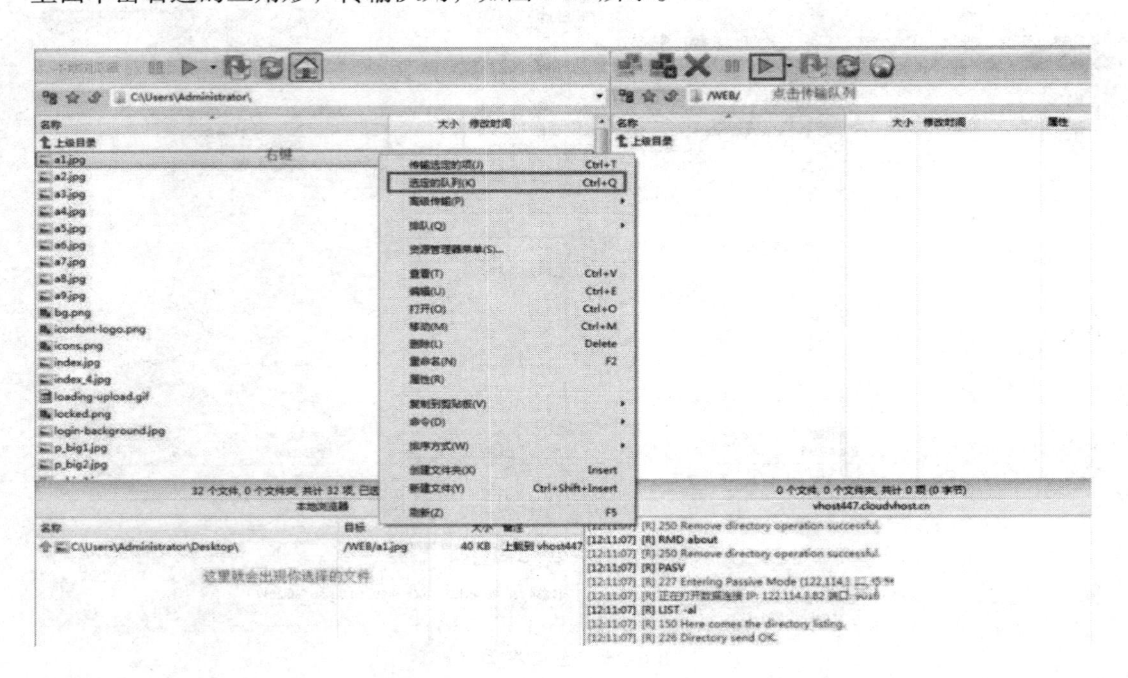

图 6-27　添加文件到队列

（2）直接上传文件 / 文件夹：打开需要上传的文件所在的文件夹；右键单击需要上传的文件 / 文件夹，支持多选；单击“传输选定的项”，上传成功后，会在“远程浏览器”窗口显示上传的文件 / 文件夹，如图 6-28 所示。

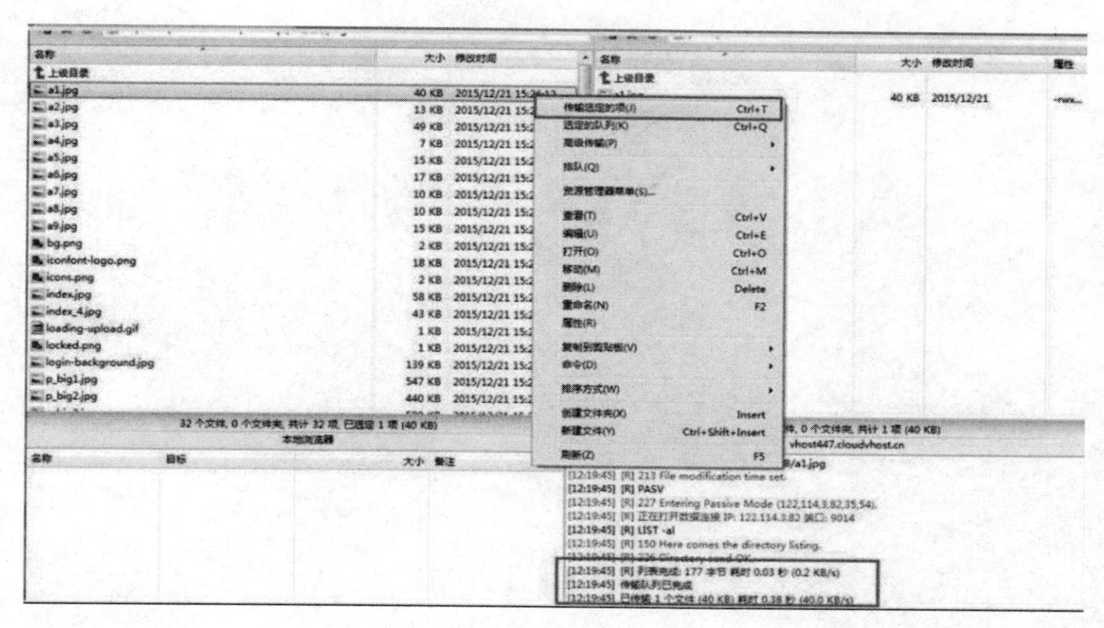

图 6-28　直接上传文件

（3）下载文件：下载文件和上传文件的操作一样，唯一的区别就是，操作的窗口不一样，上传文件是在“本地浏览器操作”，下载文件是在“远程浏览器”操作，如图 6-29 所示。

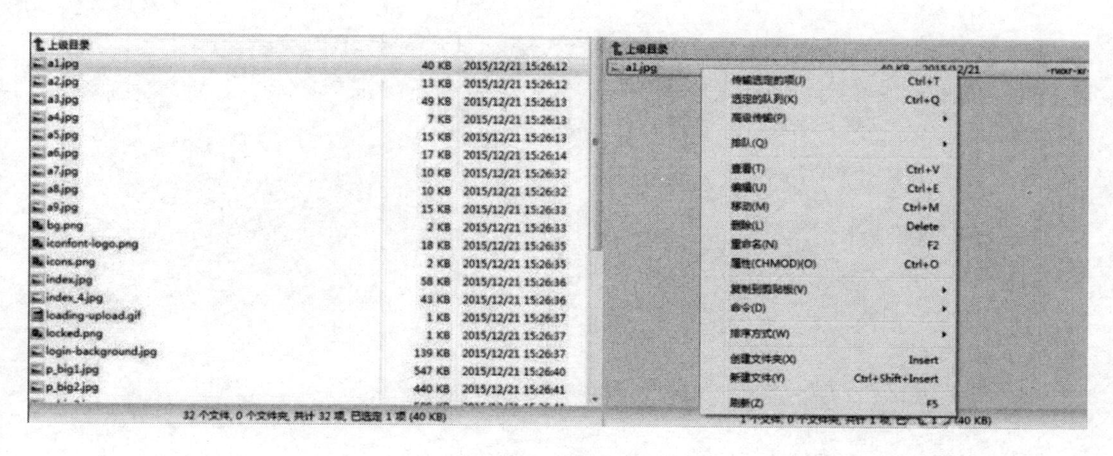

图 6-29　下载文件

第 7 章　综合模拟题及解析

模拟题一

一、Word 操作题

某高校为了丰富学生的课余生活，开展了艺术与人生论坛系列讲座，校学工处将于2023年12月29日14：00—16：00在校国际会议中心举办题为“大学生形象设计”的讲座。请根据上述活动的描述，利用Word制作一份宣传海报（宣传海报的样式请参考“WORD-海报参考样式.docx”文件）。在素材文件夹下打开文档WORD.docx，按照要求完成下列操作并以该文件名（WORD.docx）保存文档。具体要求如下：

（1）调整文档版面。要求页面高度20厘米，页面宽度16厘米，页边距上、下为5厘米，左、右为3厘米，并将素材文件夹下的图片“Word-海报背景图片.jpg”设置为海报背景。

（2）根据“WORD-海报参考样式.docx”文件，调整海报内容文字的字号、字体和颜色。

（3）根据页面布局需要，调整海报内容中“报告题目”“报告人”“报告日期”“报告时间”“报告地点”信息的段落间距。

（4）在“报告人：”位置后面输入报告人姓名（郭云）。

（5）在“主办：校学工处”后另起一页，并设置第2页的页面纸张大小为A4篇幅，纸张方向设置为“横向”，页边距为“普通”。

（6）在新页面的日程安排段落下面，复制本次活动的日程安排表（请参考“Word-活动日程安排.xlsx”文件），要求表格内容引用Excel文件中的内容，如若Excel文件中的内容发生变化，Word文档中的日程安排信息随之发生变化。

（7）在新页面的“报名流程”段落下面，利用SmartArt，制作本次活动的报名流程（学工处报名、确认座席、领取资料、领取门票）。

（8）插入素材文件夹下的报告人照片“Pic 2.jpg”，将该照片调整到适当位置，并不要遮挡文档中的文字内容。最后保存本次活动的宣传海报设计为WORD.docx。

操作步骤如下：

（1）打开素材文件“WORD.docx”，注意及时保存在素材文件夹下。

（2）选择“布局”→“页面设置”，在“页边距”选项卡中设置相应的页边距；在“纸张大小”选项卡中设置高度和宽度；选择“设计”→“页面颜色”→“填充效果”，选择素材文件中的“Word－海报背景图片.jpg”作为背景图片。

（3）打开“WORD－海报参考样式.docx”文件，根据样式调整海报内容文字的字号、字体和颜色。选择对应文字使用“开始”选项卡中的按钮进行设置。标题设为初号、华文隶书，正文设为三号、宋体。

（4）调整海报内容中“报告题目”“报告人”“报告日期”“报告时间”“报告地点”的段落间距为3倍行距。在“报告人：”后输入报告人姓名：郭云。根据样式调整“欢迎大家……”“主办：……”两段为右对齐。

（5）删除“艺术与人生讲座之大学生形象设计活动细则”段落；光标定位在“日程安排”之前，选择“布局”→“分隔符”→“下一页”进行分页分节；光标定位在第二页；选择“布局”→“页面设置”，纸张大小设为A4篇幅，纸张方向设置为“横向”，页边距设为“普通”。

（6）打开素材文件夹下“Word－活动日程安排.xlsx”文件，选择并复制A1：C5单元格区域，返回到“Word.docx”文件中选择“开始”→“粘贴”→“选择性粘贴”，在对话框中单击“粘贴链接”单选按钮，选择“Microsoft Excel工作表对象”形式，单击“确定”按钮。

（7）光标定位在“报名流程”下方，选择“插入”→“SmartArt”→“流程”，选择第1个流程图；开始编辑流程图，添加一个形状，然后依次输入文本，选择适合的颜色样式。

（8）单击“插入”→“图片”，选择素材文件夹下的“Pic 2.jpg”照片；在“图片工具—格式”选项卡中选择“环绕文字”→“四周环绕”；移动图片到合适位置，最后按快捷键Ctrl+S保存文件。

二、Excel操作题

小李是北京某政法学院教务处的工作人员，学校法律系提交了2012级四个法律专业教学班的期末成绩单，为更好地掌握各个教学班学习的整体情况，教务处领导要求小李制作成绩分析表，使学院领导掌握整体情况。

请根据素材文件夹下的“素材.xlsx文档，帮助小李完成2012级法律专业学生期末成绩分析表的制作。具体要求如下：

（1）将“素材.xlsx”文档另存为“年级期末成绩分析.xlsx”，以下所有操作均基于此新保存的文档。

（2）在“2012 级法律”工作表最右侧依次插入“总分”“平均分”“年级排名”列；将工作表的第一行根据表格实际情况合并居中为一个单元格，并设置合适的字体、字号，使其成为该工作表的标题。对班级成绩区域套用带标题行的“表样式中等深浅 15”的表格格式。设置所有列的对齐方式为居中，其中排名为整数，其他成绩的数值保留 1 位小数。

（3）在“2012 级法律”工作表中，利用公式分别计算“总分”“平均分”“年级排名”列的值。对学生成绩不及格（小于 60）的单元格套用格式突出显示为“黄色（标准色）填充色红色（标准色）文本。

（4）在“2012 级法律”工作表中，利用公式根据学生的学号将其班级的名称填入“班级”列，规则为：学号的第三位为专业代码、第四位代表班级序号，即 01 为“法律一班”，02 为“法律二班”，03 为“法律三班”，04 为“法律四班”。

（5）根据“2012 级法律”工作表，创建一个数据透视表，放置在表名为“班级平均分”的新工作表中，工作表标签颜色设置为红色。要求数据透视表中按照英语、体育、计算机、近代史、法制史、刑法、民法、法律英语、立法法的顺序统计各班各科成绩的平均分，其中行标签为班级。为数据透视表格内容套用带标题行的“数据透视表样式中等深浅 I5”的表格格式，所有列的对齐方式设为居中，成绩的数值保留 1 位小数。

（6）在“班级平均分”工作表中，针对各课程的班级平均分创建二维的簇状柱形图，其中水平簇标签为班级，图例项为课程名称，并将图表放置在表格下方的 A10：H30 区域中。

操作步骤如下：

（1）打开“素材 .xlsx”文档，选择“文件”→“另存为”存放到素材文件夹，文件名为“年级期末成绩分析 .xlsx”。

（2）选择“2012 级法律”工作表，在右侧依次输入列标题“总分”“平均分”“年级排名”；选择 A1：O1 区域合并后居中，设置字体为微软雅黑，字号增大。选中班级成绩区域，选择“套用表格格式”中的“表样式中等深浅 15”且包含标题行。选中所有列，设置对齐方式为居中；选中“年级排名”列，设置数字格式为数值保留小数位 0 位（整数），其他成绩列的数值保留 1 位小数。

（3）在“2012 级法律”工作表中，定位到 M3 单元格，利用求和公式计算“总分”，双击填充柄计算出本列所有总分。定位到 N3 单元格，利用平均值公式计算“平均分”（注意参数范围），双击填充柄计算出本列所有平均分。定位到 O3 单元格，“年级排名”列使用公式“=RANK（M3，M3：M102）”，双击填充柄计算出本列所有排名。

选中学生成绩区域，选择“开始”→“条件格式”→“突出显示单元格规则”→“小于”，设置小于 60，自定义格式为“黄色（标准色）填充色红色（标准色）文本”。

（4）在“2012 级法律”工作表中，定位到 A3 单元格，（注意使用英文标点符号）输入公式“=LOOKUP（MID（B3，3，2），{"01"，"02"，"03"，"04"}，{" 法律一班 "，" 法律二班 "，" 法律三班 "，" 法律四班 "}）”。双击填充柄计算出本列所有班级。

（5）定位到“2012 级法律”工作表数据区域任一单元格，选择“插入”→“数据透视表”，放置到新工作表中，使用右键修改表名为“班级平均分”；使用右键将工作表标签颜色设置为红色。在设置透视表字段窗格中，拖动“班级”到行标签，值标签的顺序为英语、体育、计算机、近代史、法制史、刑法、民法、法律英语、立法法，右键设置所有值的汇总依据为平均值。在“数据透视表工具—设计”选项卡，选择套用带标题行的“数据透视表样式中等深浅 I5”的表格格式。选中所有列，右键选择“设置单元格格式”，对齐方式设为居中，成绩区域格式为数值保留 1 位小数。

（6）在“班级平均分”工作表中，选择班级平均分区域，选择“插入”→“图表”→“二维的簇状柱形图”，在图表区域单击设置水平簇标签为班级，图例项为课程名称，改变图表大小放置在表格下方的 A10：H30 区域中。

三、PowerPoint 操作题

为进一步提升北京旅游行业整体队伍素质，打造高水平、懂业务的旅游景区建设与管理队伍，北京旅游局将为工作人员进行一次业务培训，主要围绕“北京主要景点”进行介绍，包括文字、图片、音频等内容。

请根据素材文件夹下的素材文档“北京主要景点介绍文字 .docx”，帮助主管人员完成制作任务，具体要求如下：

（1）新建一份演示文稿，并以“北京主要旅游景点介绍 .pptx”为文件名保存到素材文件夹下。

（2）第一张标题幻灯片中的标题设置为“北京主要旅游景点介绍”，副标题为“历史与现代的完美融合”。

（3）在第一张幻灯片中插入歌曲“北京欢迎你 .mp3”，设置为自动播放，并设置声音图标在放映时隐藏。

（4）第二张幻灯片的版式为“标题和内容”，标题为“北京主要景点”，在文本区域中以项目符号列表方式依次添加下列内容：天安门、故宫博物院、八达岭长城、颐和园、鸟巢。

（5）自第三张幻灯片开始按照天安门、故宫博物院、八达岭长城、颐和园、鸟巢的顺序依次介绍北京各主要景点，相应的文字素材“北京主要景点介绍文字 .docx”以及图片文件均存放在素材文件夹下，要求每个景点介绍占用一张幻灯片。

（6）最后一张幻灯片的版式设置为“空白”，并插入艺术字“谢谢”。

（7）将第二张幻灯片列表中的内容分别超链接到后面对应的幻灯片，并添加返回到第二张幻灯片的动作按钮。

（8）为演示文稿选择一种设计主题，要求字体和整体布局合理、色调统一，为每张幻灯片设置不同的幻灯片切换效果以及文字和图片的动画效果。

（9）除标题幻灯片外，其他幻灯片的页脚均包含幻灯片编号、日期和时间。

（10）设置演示文稿放映方式为"循环放映，按Esc键终止"，换片方式为"手动"。

操作步骤如下：

（1）打开软件，新建以"北京主要旅游景点介绍.pptx"为文件名的文件保存到素材文件夹下。

（2）选中第一张标题幻灯片，标题文本框输入文本为"北京主要旅游景点介绍"，副标题文本框为"历史与现代的完美融合"。

（3）在第一张幻灯片中，选择"插入"→"音频"，在对话框中选择素材文件"北京欢迎你.mp3"；在"音频工具"播放选项卡中，设置"开始"为自动，勾选"放映时隐藏"复选框。

（4）选中第一张标题幻灯片，按回车键添加第二张幻灯片，版式自动为"标题和内容"。输入标题为"北京主要景点"，在文本区域中输入：天安门、故宫博物院、八达岭长城、颐和园、鸟巢，中间按回车键分段。

（5）按回车键依次添加第3至7张幻灯片。第3张幻灯片标题输入"天安门"，打开"北京主要景点介绍文字.docx"文件，复制相应的文字粘贴到幻灯片，插入对应的图片，移动图片不遮盖文字即可。同样的方法完成第4、5、6、7张幻灯片。

（6）选择"开始"→"新建幻灯"，版式设置为"空白"，选择"插入"→"艺术字"，输入文字"谢谢"。

（7）选择第二张幻灯片，选中"天安门"文字，选择"插入"→"链接"，在对话框中选择"链接到本文档中的位置"，选择第3张幻灯片。重复以上的步骤对剩余列表文字添加超链接。在第3张幻灯片中，选择"插入"→"形状"插入返回动作按钮，右键设置按钮操作超链接到第2张幻灯片，复制设置好的动作按钮粘贴到第4至第7张幻灯片中。

（8）单击"设计"选项卡中任一"主题"应用；依次从第1页幻灯片在"切换"选项卡中单击选择不同幻灯片切换效果进行设置；依次选择每页文字和图片，在"动画"选项卡中单击选择不同的动画效果。

（9）选择"插入"→"页眉和页脚"，在对话框中勾选"日期时间""幻灯片编号""标题幻灯片中不显示"复选框。

（10）选择"幻灯片放映"→"设置幻灯片放映"，在对话框中勾选"循环放映，按Esc键终止"复选框，选择"手动"单选按钮。

模拟题二

一、Word 操作题

某国际学术会议将在某高校大礼堂举行，拟邀请部分专家、老师和学生代表参加。因此，学术会议主办方将需要制作一批邀请函，并分别递送给相关的专家、老师以及学生代表。请按照如下要求，完成邀请函的制作：

（1）调整文档的版面，要求页面高度 20 厘米，页面宽度 28 厘米，页边距上、下为 3 厘米，左、右为 4 厘米。

（2）将素材文件夹下的“背景图片 .jpg”设置为邀请函背景图。

（3）根据“Word 最终参考样式 .docx”文件，调整邀请函内容文字的字体、字号以及颜色。

（4）调整正文中“国际学术会议”和“邀请函”两个段落的间距。

（5）调整邀请函中内容文字段落的对齐方式。

（6）在“尊敬的”和“同志”文字之间，插入拟邀请的专家、老师和学生代表的姓名，姓名在素材文件夹下的“通讯录 .xlsx”文件中。每页邀请函中只能包含 1 个姓名，所有的邀请函页面请另外保存在一个名为“Word 邀请函 .docx”文件中。

（7）邀请函制作完成后，请以“最终样式 .docx”文件名进行保存。

操作步骤如下：

（1）打开文档 Word.docx，选择“布局”→“纸张大小”→“其他纸张大小”，设置页面高度 20 厘米，页面宽度 28 厘米，页边距中上、下为 3 厘米，左、右为 4 厘米。

（2）选择“设计”→“页面颜色”→“填充效果”，在图片对话框中打开素材文件夹下的“背景图片 .jpg”，设置为邀请函背景图。

（3）打开“Word 最终参考样式 .docx”文件，参考效果样式文件，在“开始”选项卡的“段落”和“字体”组中，调整邀请函内容文字的字体、字号以及颜色。

（4）选中第 1、2 段（“国际学术会议”和“邀请函”两个段落），参考效果文件，在“开始”选项卡中设置段落间距。

（5）参考效果文件，在“开始”选项卡的“段落”组中，设置邀请函中第 3 至第 7 段内容文字的段落对齐方式。

（6）选择“邮件”→“选择收件人”→“使用现有列表”，选择素材文件夹下的“通讯录 .xlsx”文件；光标定位在“尊敬的”和“同志”文字之间，选择“邮件”→“插入合并域”中的姓名；选择“完成合并”合并到新文档，在生成新文档中，将文件另存为

“Word 邀请函 .docx”。

（7）在 Word.docx 中完成邮件合并后，选择“文件”→“另存为”保存为“最终样式 .docx ”文件。

二、Excel 操作题

小赵是一名参加工作不久的大学生。他习惯使用 Excel 表格来记录每月的个人开支情况，在 2013 年底，小赵将每个月各类支出的明细数据录入了文件名为“开支明细表 .xlsx”的 Excel 工作簿文档中。请你根据下列要求帮助小赵对明细表进行整理和分析：

（1）在工作表“小赵的美好生活”的第一行添加表标题“小赵 2013 年开支明细表”，并通过合并单元格，放于整个表的上端、居中。

（2）将工作表应用一种主题，并增大字号，适当加大行高和列宽，设置居中对齐方式，除表标题“小赵 2013 年开支明细表”外为工作表分别增加恰当的边框和底纹使工作表更加美观。

（3）将每月各类支出及总支出对应的单元格数据类型都设为“货币”类型，无小数，有人民币货币符号。

（4）通过函数计算每个月的总支出、各个类别月均支出、每月平均总支出，并按每个月总支出升序对工作表进行排序。

（5）利用“条件格式”功能将月单项开支金额中大于 1 000 元的数据所在单元格以不同的字体颜色与填充颜色突出显示，将月总支出额中大于月均总支出 110% 的数据所在单元格以另一种颜色显示，所用颜色深浅以不遮挡数据为宜。

（6）在“年月”与“服装服饰”列之间插入新列“季度”，数据根据月份由函数生成，例如，1 至 3 月对应“1 季度”、4 至 6 月对应“2 季度”……

（7）复制工作表“小赵的美好生活”，将副本放置到原工作表右侧，改变该副本表标签的颜色，并重命名为“按季度汇总”，删除“月均开销”对应行。

（8）通过分类汇总功能，按季度升序求出每个季度各类开支的月均支出金额。

（9）在“按季度汇总”工作表后面新建名为“折线图”的工作表，在该工作表中以分类汇总结果为基础，创建一个带数据标记的折线图，水平轴标签为各类开支，对各类开支的季度平均支出进行比较，给每类开支的最高季度月均支出值添加数据标签。

操作步骤如下：

（1）打开“开支明细表 .xlsx”文档，在工作表“小赵的美好生活”的 A1 单元格输入题“小赵 2013 年开支明细表”，选中 A1：M1 区域，单击“合并后居中”按钮。

（2）定位在工作表“小赵的美好生活”，选择“页面布局”→“主题”中的一种主题，选中数据区域分别调整，单击“增大字号”“居中对齐方式”，调整增大行高和列宽，选中 A2：M15 区域后，分别单击“开始”选项卡设置边框和底纹。

（3）选中每月各类支出、总支出单元格，右键设置单元格格式，在对话框中设置数字分类为“货币”类型，小数位为 0，有人民币货币符号。

（4）选中 M3 单元格，通过“求和”函数计算总支出，双击填充柄计算出所有总支出；选中 B15 单元格，通过“平均值”函数计算月平均支出，双击填充柄计算出所有月平均支出；选中 A2：M14 区域，选择“数据”→“排序”→“自定义排序”，按总支出升序对工作表进行排序。

（5）选中 B3：L14 区域，选择“开始”→“条件格式”→“突出显示单元格规则”→“大于”，设置大于 1 000 元，以默认颜色显示即可；选中 M3：M14 区域，选择“开始”→“条件格式”→“新建格式规则”，在文本框中输入“=$M3>$M$15*1.1”，设置颜色显示，所用颜色深浅以不遮挡数据为准。

（6）选中 C 列，右键选择“插入列”；在 B3 单元格式中输入公式“=ROUNDUP（MONTH（A3）/3，0）&‘季度’”，双击填充柄计算出所有季度。此处用到取月份函数 MONTH（ ）、向上取整函数 ROUNDUP（ ）。

（7）鼠标移到工作表名称“小赵的美好生活”处，右键选择移动或复制，建立副本放置到原工作表右侧；右键选择“工作表标签颜色”，选择绿色，双击工作表重命名为“按季度汇总”；选中 15 行，右键选择“删除行”。

（8）在“按季度汇总”工作表中，先选定季度列 B3 单元格，选择“数据”→“排序”中的升序；选择“数据”→“分类汇总”，在对话框中设置分类字段为“季度”，汇总方式为“平均值”，汇总项为每个季度各类开支。

（9）在“按季度汇总”工作表中，在左侧汇总选择等级 2 显示，选定标题行和季度平均区域，选择“插入”→“图表”中“带数据标记的折线图”；选择“图表工具”→“设计”→“切换行 / 列”，再单击“移动图表”按钮，在对话框中选择“新工作表”单选按钮，名称为“折线图”。注意“折线图”工作表位置移动到最后。鼠标间隔单击每类开支的最高季度月均支出值，选择右侧 + 加号添加元素，勾选数据标签。

三、PowerPoint 操作题

请根据提供的“ppt 素材及设计要求 .docx”设计制作演示文稿，并以文件名 ppt.pptx 存盘，具体要求如下：

（1）演示文稿中需包含 6 页幻灯片，每页幻灯片的内容与“ppt 素材及设计要求 .docx”文件中的序号内容相对应，并为演示文稿选择一种内置主题。

（2）设置第 1 页幻灯片为标题幻灯片，标题为“学习型社会的学习理念”，副标题包含制作单位“计算机教研室”和制作日期（格式：××××年××月××日）。

（3）设置第 3、4、5 页幻灯片为不同版式，并将文件“ppt 素材及设计要求 .docx”中的所有文字布局到各对应幻灯片中，第 4 页幻灯片需包含所指定的图片。

（4）根据“ppt 素材及设计要求 .docx”文件中的动画类别提示设计演示文稿中的动画效果，并保证各幻灯片中的动画效果先后顺序合理。

（5）在幻灯片中突出显示“ppt 素材及设计要求 .docx”文件中的重点内容（素材中加粗部分），包括字体、字号、颜色等。

（6）第 2 页幻灯片作为目录页，采用垂直框列表 SmartArt 图形表示“ppt 素材及设计要求 .docx”文件中要介绍的三项内容，并为每项内容设置超链接，单击各链接时跳转到相应幻灯片。

（7）设置第 6 页幻灯片为空白版式，并修改该页幻灯片背景为纯色填充。

（8）在第 6 页幻灯片中插入包含文字为“结束”的艺术字，并设置其动画动作路径为圆形形状。

操作步骤如下：

（1）启动 PowerPoint 软件新建演示文稿，添加 6 页幻灯片，选择“设计”选项卡主题中的任一内置主题。

（2）打开“ppt 素材及设计要求 .docx”文件，复制序号 1 中的标题文本；选定第 1 页幻灯片，粘贴文本到标题文本框，副标题输入“计算机教研室”、制作日期（格式：×××× 年 ×× 月 ×× 日）。

（3）选定第 2 页幻灯片输入标题“目录”，复制序号 2 中的列表文本。

（4）选定第 3 页幻灯片，选择“版式”→“两栏内容”，输入（或复制）标题“一、现代社会知识更新的特点”，将序号 3 的两段文本分别复制粘贴到左右两个文本框中。

（5）选定第 4 页幻灯片，选择“版式”→“比较”，输入标题“二、现代文盲——功能性文盲”，复制序号 4 的前两行文本到左侧栏，第 3 行文本和图片复制到右侧栏。

（6）选定第 5 页幻灯片，选择“版式”→“内容与标题”，左侧输入标题“三、学习的三重目的”，复制序号 4 的第 1 行文本到右侧栏，第 2 行列表文本复制到左侧栏。

（7）根据“ppt 素材及设计要求 .docx”文件中的动画类别提示，依次选择每页幻灯片中的对象，在“动画”选项卡中选择对应的动画类别（主要是进入、退出），按照从上到下、从左到右的顺序添加动画效果。

（8）根据“ppt 素材及设计要求 .docx”文件中加粗的文字，依次进入幻灯片文本框选定这些文本，在“开始”选项卡中设置增大字号、黑体、不同颜色等。

（9）选择第 2 页幻灯片，选中列表文字，选择“开始”→“段落”→“转换为

SmartArt”按钮，在对话框中选择“垂直框列表”；选择“一、现代……”文本框，选择“插入”→“链接”，在对话框中选择“链接到本文档中的位置”，选择第 3 张幻灯片。重复以上的步骤对剩余列表文字添加超链接。

（10）选择第 6 页幻灯片，选择“版式”→“空白”，选择“设计”→“设置背景格式”→“纯色填充”，设置背景为任一颜色填充即可。

（11）在第 6 页幻灯片中，选择“插入”→“艺术字”中任一样式，输入文字“结束”；选中文本框后，选择“动画”→“动作路径”→“圆形形状”设置动画。